血汗漁場

跨國直擊
台灣遠洋漁業真相

目錄

前言　重訪奴役之路

文／李雪莉

對於遠洋漁業，我們熟悉的是，那個擁有世界最龐大的漁業船隊、七成漁獲外銷世界的強國，台灣人征服海洋的「史詩」。

二〇一六年春末夏始，我們因緣際會與前任海上觀察員、漁撈長、輪機長訪談，原本的計畫是描寫一群在海上拚搏的工作者，但迎接我們的敘事卻溢出了既定的軸線。這群第一線的海上漂流者，開啟了一個我們和多數台灣人，不熟悉的遠洋世界。

那是個同時踏在「封閉性」與「全球性」，兩個矛盾向度上的產業。

它的全球性源自它的場域。捕撈發生在占據地球七成表面積的海洋裡，所有魚種和資源在領海內由各國管理，公海則受到國際組織規範。它的全球性也來自物流、金流的世界運轉，產業裡的上中下游，不論是造船廠、冷凍廠、漁網廠或是貿易商，都與世界買家賣家做生意，技術的成熟讓漁獲已能如期貨般精準運作。光台灣就有數萬個家庭，倚賴這個產業為生。

但船一旦航行，便遙不可及，載浮於瞬息萬變的化外之境，成為封閉而不易為外人窺見的產業。

陸地上的人們除非曾與這個產業互動，否則難以覺察台灣船隊上頭，東南亞的外籍漁工，已是台灣遠洋最重要的人力隊伍；當漁船遠赴非洲，進入印度洋冒險捕撈黑鮪時，船東們還必須聘請擁槍的斯里蘭卡傭兵，上船護漁。

每艘船上，都像是小小的殖民地，既全球又封閉，被台灣人支配著。

在上千艘小小移動式的殖民地上，我們目睹遠洋漁業充滿活力與不認輸的鬥性，但也發覺那充滿原始衝動、叢林性格，甚至暴力傾向的漁撈文化。

遠洋漁船上的階級與暴力

為了解開遠洋漁業的幽暗，我與《報導者》的文字記者蔣宜婷、鄭涵文，攝影記者林佑恩，時常走動基隆、宜蘭、前鎮、東港、小琉球等漁港，以滾雪球的方式，大量訪問了第一線工作者，也花了相當長的時間，才得到一群前任觀察員和現任漁政相關公務員的信任，挺身而出擔任我們的深喉嚨；作為第一線的參與者和監督者，他們熟知漁船作業的種種「攻略」，包括如何「過漁」、如何掠奪海洋資源、如何非法轉載、如何「規訓」外籍漁工、如何做假帳再上報，甚至官方如何地帶頭虛應故事，都一一看在眼裡。

我們也同時採訪光譜另一端，負責制訂產業遊戲規則的捕撈業者、貿易商、跨國與台灣仲介、外國觀察員、台灣行政官員與立法委員，以及不同漁業型態組織的代表等。我們希望複眼的視角，能讓我們看得透澈而不至偏頗、狹隘。

上述的訪談累積了近五十萬字的紀錄，此外，記者們也研讀大量資料與書籍，同時蒐集前任觀察員的漁船工作日誌、手寫或打字的日記、漁船漁撈紀錄、國際漁業組織與國際勞工組織的規範、NGO團體長期的觀察和訴求，並將現況與漁業署繁複的法規比對。我們花了不少功夫排除官話與和稀泥的廢話，確定不被操弄。

我們也試著上船，感受漁工們的生活。

記得在風雨交加的日子，我們登上小琉球一艘四十多噸、船身十七公尺的CT3漁船，船上是工作年餘的三十幾歲印尼中爪哇漁工們，他們因難得有異性造訪，燦燦笑著。船上甲板不寬、廊道窄得只能容兩個人側身而過；進到甲板下漁工住的地方，我們幾乎採跪姿，膝蓋抵胸，舉步維艱地挺進，艙裡沒有隔間，用陽春掛簾隔開，大白天的，陽光絲毫照不進這裡。

甲板上漁工的微笑，止不住我們心裡冒出的苦澀。

在這方小小被台灣「殖民」的天地裡，有著截然不同於陸地的「規矩」。

這群不適用《勞動基準法》，卻透過「境外聘僱」為台灣工作的漁工，在過去十年內增加三倍，官方統計總數約一萬五千名，但我們調查結果，人數遠高於這個數字；印尼外交部在各國重要港口統計，光印尼，可能有高達四萬名漁工為台灣人工作。

這些從柬埔寨、越南等境外僱用漁工的月薪從兩百五十到七百美元不等，其中印尼最「便宜」。船上欠缺理解與溝通，語言隔絕了彼此，漁工們能說「前鎮」、「萬那杜」

的港口名，知道船長／漁撈長要他們下鉤時說的那句「Let go」，但最熟悉的話語，是因挨罵學到的國罵。

由於滿載是出航唯一的目標，當氣候、海象、魚群皆無法預測，高壓的、階級化的管理，以及為了取得漁獲，虛報捕撈量甚至造假數字，成了普遍存在的文化。

最大空間給了魚艙、冷凍艙和油艙，幹部擁有獨立的空間；條件好的，數百噸或千噸大船，船員可以有大約八十到一百公分寬度的床架可躺，有免費泡麵可做點心；但資本額小，經常由家戶經營的百噸以下的船隻（這類漁船占台灣總漁船數約五成五），從狹窄的生活空間，到生活和工作規範，都烙印著階級：幹部吃鮮魚，漁工吃魚餌，漁工較難喝到新鮮的水，淨水只供給船長；凡事配給，有的漁船幹部兼賣生活用品，拖鞋、衛生紙、奶粉需要另外購買；衝突打架會被扣薪，漁獲不佳或漁工手腳不俐落，還可能遭幹部體罰。

這群不受《勞基法》保障、薪水極低的漁工，一上船，就坐兩年的海牢，在惡劣的勞動環境下，曾有不少冒著被凍死的風險跳海，或一到岸上便逃跑的人。也有成了海上喋血案裡，殺人或被殺的主角。

在調查採訪的旅程中，從各種證據與訪談裡，攤在我們面前的，是一個「不被看見的造假、剝削、奴役」的遠洋漁業結構和文化。

為了看見這「看不見的奴役」，我們選擇前往印尼漁工來源最大宗的中爪哇直葛市

（Tegal）的小漁村，看成千上萬的家庭如何被台灣遠洋漁業改變、那裡的男人們如何進入一場希望與恐懼交織的旅程。我們主動與印尼調查報導媒體《Tempo Magazine》合作，經由熟悉印尼語和地方方言的記者，進入印尼中爪哇的八馬蘭（Pemalang）、芝拉扎（Cilacap），以及雅加達（Jakarta）等地，採訪上過台灣漁船的漁工們。

綜合兩方的調查內容，都再度確認這是系統性的剝削，不自由和壓迫的程度已如現代奴隸。

在台灣鮪延繩釣船上，外籍漁工每天必須工作二十小時，先是十小時的放線、兩小時的休息，接著是十小時的收線，再接著兩小時的休息。漁況好時，他們有可能整天不能睡覺；他們甚至得在沒有攜帶氧氣瓶的情況下，潛水至海面下，清理船的螺旋槳，「每週可能要三回，不管是白天或黑夜，」一名在二〇一二年到二〇一三年為台灣漁船在非洲南部海域工作的漁工 Rizky Oktaviana 告訴《Tempo Magazine》的記者。

如果漁工們工作進度緩慢，他們很可能要排排站挨船長的罵。為台灣老闆打工兩年回到直葛市的漁工 Eko Prasetyo 說：「更嚴重的，會被綁起來電擊。」

我們掌握漁工的僱傭合約，進而發現漁工與印尼仲介在源頭地簽下的，與台灣仲介業者呈報給漁業署的，是兩份截然不同的勞動契約。

我們跟著印尼當地負責找漁工的「牛頭」，一路跟到仲介所、再追蹤到漁工在前鎮上岸、入船，以及之後回國的境遇，試著釐清這盤根錯節的體系，解答兩國政府、仲介與業者，如何合構漁工們「自願為奴」的跨境之路。

是選擇，還是宿命？

台灣遠洋漁業牽涉嚴重的勞動剝削，也因為更多人的關注，開始被看見。

長期研究比較勞動政策和勞工國際遷移的中正大學勞工關係系助理教授劉黃麗娟，目前也擔任行政院「防制人口販運」協調會報委員。劉黃麗娟指出，其實在二〇一三年開始，為數不少外籍漁工透過台灣教會、美國NGO及美國國會投訴說，他們曾在台灣籍漁船或台資經營的權宜船上，被惡劣對待，甚至在他國港口被遺棄。劉黃麗娟說：「令我們震驚的是，政府對人口販運的反應，是完全失靈的」、「這已不是勞資爭議，這是台灣在遠洋漁業裡，開了人口販運的大門」。

遠洋漁業在成熟發展後，已進入精密分工，我們隱約看到產業裡清楚的分水嶺。一條是日本、美國、歐洲、紐西蘭等漁撈大國，慢慢減少撈捕，往產業鏈中上游的永續生產與品牌邁進；另一條是繼續在產業鏈最底層擔任捕撈大軍的國家，如台灣、韓國、泰國、中國等。捕撈國利用低度發展國家人民的貧窮困境，竭力壓低成本。

台灣當然不是唯一貪婪的國家。

二〇一一年，幾艘停泊紐西蘭的南韓漁船上，一群印尼漁工因不滿被南韓管理階層嚴重剝削，集體出走離船。這件事始無前例地讓紐西蘭人看到漁工的處境，公眾的不滿給了紐西蘭和南韓政府壓力，要求改善漁工的工作條件；紐西蘭籍學者們連續四年對船員進行訪談後發現，南韓幹部欺騙、高壓管理、剝削漁工，有船長性騷擾或性侵漁工，有船長要求漁工提供全身按摩。漁工們因工作合約、複雜的給薪制度、不合理的扣薪，心生恐懼而長期屈服。

接著，英國《衛報》調查出泰國蝦業的生產鏈，奴役勞工；《美聯社》（*Associated Press*）「血汗海鮮」的報導，揭露美國超市裡的海鮮來自被奴役的東南亞漁工，甚至有千名漁工被囚禁在印尼小島，被迫在非法船上工作，回不了家。《美聯社》的報導獲得二〇一六年普立茲公共新聞獎，也讓當時的美國總統歐巴馬，簽署禁止血汗海鮮進入美國的法令。

台灣並非遠洋漁業上唯一的剝削者，但台灣漁船在世界屬一屬二的「亮麗」捕撈成績下，也成為被關注的標的。

二〇一五年十月，歐盟對台灣遠洋祭出黃牌，政府官員私下批評這是國家間拳頭大小的賽局，對台灣不公平。「台灣做得算好了」、「其他國家比台灣更血汗」、「台灣遠洋絕對不是野放的一群」、「要怪就怪不守法的小型延繩釣船」等抱怨、捍衛、轉移至業內的紛爭，是我們在訪談過程，業者們和官員最常流露的委屈和不得已。

過度強調苦衷和小國自憐，會陷入無法行動的自我預言。

表面上，為了回應國際壓力，立法院與行政機關積極在二〇一六年年中，快速修改並通過「遠洋漁業三法」，加強管理力道。而《報導者》「造假　剝削　血淚漁場」的調查報導推出後，也引起部分讀者意識台灣在遠洋的貪婪、對人的奴役。

但產業裡不少掌權者，依舊僥倖，等待波瀾度過，再用新方法，應付監管。

對廣袤海洋上發生的一切，對於第一線海上漂流者，我們理解、感受、監督的，還是太少。這本書只是個起點。

謝謝印尼《Tempo Magazine》的調查報導團隊，由於他們熟悉當地語言，與印尼政策脈絡，他們的加入補充了《報導者》「造假　剝削　血淚漁場」的調查內容。謝謝監委王美玉對印尼漁工 Supriyanto 海上死亡案件的追蹤，讓我們更確信，這項被台灣司法單位以「病死」草率簽結的案件，隱藏的是漁工們系統性被剝削，以及台灣行政機關的怠慢。

更要感謝在過程中，上百位協助過我們，並提供第一手資訊的受訪者，因為有你們曾經歷過的苦難和體會，我們才有機會拚湊並直面遠洋漁業裡，這些難以被窺見和注視的幽暗面。

本書能出版，是行人出版社易正、琇茹、郁芳的欣賞與敦促，讓我們有機會把此次採訪調查過程，更為後設和系統地梳理，並增補了多篇文章。

在此書出版時，《報導者》即將一歲半了。這當中有許多幫助過《報導者》順利運作的朋友們：翁秀琪老師帶領的報導者文化基金會全體董監事、童子賢先生，以及無數支持《報導者》的捐款人和讀者。十分感謝您們的鞭策與鼓勵。

當然最重要的是《報導者》的靈魂人物何榮幸，謝謝他為深度新聞灌溉出一片難得的土壤。也要謝謝《報導者》同事們平日溫暖的協作與建議，你們是最佳戰鬥夥伴。

盼望未來有更多對公共議題感興趣的報導者們，加入新聞這一行。

漁工血淚

1

一名印尼漁工之死

二〇一五年八月二十五日深夜，一艘從台灣屏東東港出發、到中西太平洋捕撈鮪魚的十一人小型遠洋漁船福賜群號上，死了一名印尼漁工。一個月後，棺材車載著這具從台灣送來的屍體，開進印尼中爪哇直葛（Tegal）郊區的小鎮，停在一間機車修理行前。

剛過晚上九點，是肥皂劇的熱門時段，但鄰里因為這事騷動起來，鄉下地方，還沒有從國外回來的屍體。棺木裡，這名叫做 Supriyanto 的漁工，穿戴整齊，罩著一件灰色西裝外套，給人打上了領帶。家裡二十幾人，一起看著他。

也不是這身打扮太突兀，但他們幾乎認不出人來。

他到底怎麼死的？

「遺體很小，很像他最小的孩子。他的皮膚很黑、很乾，好像只有骨頭一樣，眼睛好像掉下去，不在原本的地方。」時隔一年多，二〇一六年十月，《報導者》前去採訪，在機車修理行前，Supriyanto 的堂弟 Setiawan 試著告訴我們，那是具多麼詭異的屍體。

Supriyanto 個子雖然不高，也有一百六十公分，中等身材，出海前的體檢報告裡，被填上健康狀態良好。但半年後，家人收到的，是一翻身就差一點支解的屍體，甚至沒附上驗屍證明。

生前，Supriyanto 原本是長途巴士的收票員，每天經由爪哇島北岸綿長的產業道路，往返直葛與首都雅加達，一個月賺七百元台幣，勉強養活三個孩子。Supriyanto 因為父母早逝，又是長子，國中畢業就擔起家計。但他沒多少技能，運氣也不好，工作一個個換，妻子離開，步入中年，一直沒存上錢。

於是，二〇一四年，Supriyanto 第一次來台灣漁船工作，四個月領到七千多元，相當於他當車掌近十個月的薪水。

Supriyanto 想，台灣漁船是他翻身的最後機會。他要挽回前妻，一家人住在一起。出發前，大家都勸他打消念頭，他已經四十三歲了，而且小鎮裡的人都知道，「台灣漁船很危險」。

但他仍執意出航，Supriyanto 到另一個城市，辦理出海文件，還住進仲介所宿舍，家人來不及送他一程，也從此斷了聯絡。

當他們再次聽到 Supriyanto 的消息，就是他的死訊。

三支證明被虐待的影片

Supriyanto 在船上過世後，漁船返航回到屏東東港。二〇一五年九月九日，屏東地檢署到場進行相驗屍體跟偵辦。兩個月後，十一月十日，屏東地檢署簽結此案，認為 Supriyanto 是病死的，這案件沒有他殺嫌疑。他的死因是：「於船上高處曬衣時失足跌落，導致膝蓋受傷，嗣因傷口感染菌血症，最後因敗血性休克而死亡。」

法醫驗屍報告指出，Supriyanto 雙腳膝蓋上，各有一個近半面掌心大的傷口，是感染菌血症、最後引發敗血性休克死亡的地方。除此之外，Supriyanto 從耳朵、手臂、背、膝蓋、到腳跟，都有外傷，而且死時嚴重營養不良。

遠洋漁船被認為是 4D 工作，骯髒（Dirt）、危險（Danger）、辛苦（Difficulty）、離家遠（Distance），走進漁港，處處可見少一隻小指，發生過工傷意外的漁工。

但 Supriyanto 渾身的傷口，無法單純歸於意外。一名同船漁工用手機錄下三段船上影像，那三支影片，成了 Supriyanto 生命最後、託人帶上岸的口信。

Mualip（同船印尼漁工）：「有很多人打你嗎？是誰？你要講出來。」

Supriyanto：「……」

Mualip：「說啊，那些人叫什麼名字？講啊。」

Supriyanto：「引擎部門的人。」

Mualip：「還有誰？」

Supriyanto：「Agus及Munawir（另外兩名印尼漁工）。」

Mualip：「船長有參與打你嗎？」

Supriyanto：「船長有跟著打我，就是虐待我。」

（影片一片段，攝於七月二十一日七點三十六分，Supriyanto死前一個月）

影片一，七月二十一日，出海七十天。Supriyanto直視鏡頭，他說，船上有四個人打他。除了台灣船長跟輪機長之外，還有另外兩名印尼漁工動手。那時，他頭頂流血、雙眼紅腫出血、走路歪斜。

影片二，七月二十三日，出海七十二天。Supriyanto坐在甲板上，不發一語。錄影的漁工說，Supriyanto剛被打過，整個臉腫起來，已無法行走。

影片三，八月二十五日，出海一百〇五天。Supriyanto呈現死前彌留狀態，他雙頰凹陷、全身乾癟、瘦到骨架清楚。身旁的人要他快向真主禱告，但他已經無法說話。

Supriyanto是虔誠的伊斯蘭教徒，在家鄉時，一下班，就到清真寺去，沒有其他興趣，個性內向。他的大兒子告訴我們，爸爸很少陪他們出去，「都一個人看很難過、很難過的電影」。

Supriyanto或許沒想過，自己也成了人們記不起名字、匆匆結尾的悲劇電影。大部分情節已經丟失了，某些重要的情節，又被高速快轉。這三支能夠證明 Supriyanto 在海上遭虐待的影片，當時負責偵辦的屏東地檢署，幾乎直接跳過。

監察院二〇一六年調查 Supriyanto 死亡案件[1]時，認定這三支影片極為爭議，是此案重要證據，便找了專業印尼通譯重新翻譯這些影片。負責此案的監察委員王美玉向《報導者》表示[2]，當他們比對屏東地檢署翻譯內容，發現屏東地檢署連基本的語言翻譯，都粗略處理，完全沒搞清楚影片內容。

監察院請來的通譯，在翻譯影片時頻頻落淚，但屏東地檢署請來的通譯，由於不懂 Supriyanto 的家鄉話——中爪哇語，第一支影片裡十幾句話都被跳過、沒翻譯出來，其中包含了 Supriyanto 被虐待的自白、誰毆打他等重要訊息。

第二支影片中，該通譯甚至寫下了：「這段全部都是中爪哇話，所以聽不懂。」同船漁工陳述 Supriyanto 被毆打，臉腫起來、無法走路，都被「聽不懂」所帶過。

王美玉質疑，一年有六十幾萬名外籍移工來台灣工作，他們在這生老病死，一件死亡成謎的案件，卻請不到一個專業翻譯。

據知情人士透露，屏東地檢署知道翻譯不全，但因為這三段影片未拍攝到 Supriyanto 膝蓋上致命的傷口，所以認為沒必要再請人重新翻譯。

且地檢署取得影片時，同船的印尼漁工早已結束訊問，返回印尼，無法根據內容

1　監察院調查報告。公告日期：二〇一六年十月五日，字號：一〇五財調〇〇四二，案由：王委員美玉調查：據悉，高雄籍遠洋漁船「福賜群」涉有長期虐待境外聘僱漁工致死，且有另名外籍漁工落海失蹤卻不願救援，境內外聘僱漁工適用勞動法規存有差別待遇等情形。究有

進行提問。

草率簽結的人命

既然 Supriyanto 的膝蓋傷口是本案重點，那這傷口如何造成？為何始終沒癒合、最終感染致命？都應該被詳細調查。

然而，屏東地檢署沒有等到法醫回函解釋傷口成因，就已經結案。法醫之後的回函指出，不能排除 Supriyanto 遭受虐待。

報告顯示：「……因傷口有慢性潰瘍的變化，確實不能排除燙傷後有再遭人為踩踏或被罰跪的情形，造成傷口長時間無法癒合。」及「……死者外表皮包骨成惡病質，有極度營養不良的情形，所以無法排除該漁船船長有虐待 Supriyanto 且沒有給其東西吃的情況。」

不包含可能參與虐待的兩名漁工，另有四名漁工在檢方訊問時說出，Supriyanto 被虐待。甚至有人提到，死者膝蓋的傷口，是船長陳凱治造成。

「打他的是船長、輪機長、Agus Setiawan、Munawir Sazali 等四人都有打他，這是我親眼所見。」

無違反《經濟社會文化權利國際公約》宗旨？主管機關有無清查、建立並掌握境外受聘僱漁工名冊，並實施勞動檢查？均有查究之必要案之調查報告。

2 《報導者》團隊首次與監察委員王美玉會面日期為二〇一六年十月初。

「死者常常被船長跟輪機長打，用工具打，理由是死者常常打瞌睡，被打耳朵及頭部，……我沒看到怎麼被打（膝蓋），但有腫起來。」

「（其他漁工）都有打死者，打死者的嘴巴，害他往後跌倒後腦撞到流血。……是船長教唆的。」

「（死者膝蓋傷口如何造成？）不知道，只知道是船長造成的。」

不過，屏東地檢署並沒有採用這些說法，他們認為外籍漁工說詞不一，有利船長的說詞仍占多數。船長在檢方訊問時，解釋 Supriyanto 是曬衣時跌落，膝蓋受傷，後來因為生病，無法走路，只好在地上跪爬，可能因此讓膝蓋傷口更嚴重。船長陳凱治說：「我從來沒有打過他，只是輕拍。」

我們電訪了船長的父親陳金德，他同時是招募 Supriyanto 的台灣仲介。他強調，船長已經跑船好幾年，漁船環境封閉，整艘船只有船長和輪機長兩個台灣人，船長不可能冒著被漁工殺害的風險，虐待漁工。

不過據知情人士透露，船長雖然一再否認虐待，但他沒有通過測謊，而輪機長因為教育程度不高，根本不能理解檢察官的問題。另外，這些漁工在第一次訊問時，都還沒領到整趟出航的薪水，未必一開始就敢說出實情。

3　報導刊登後，宜蘭縣漁工職業工會與國際勞工協會（TIWA）持續協助 Supriyanto 的案件，並與法律扶助基金會聯繫。目前法扶已協請律師曾威凱作為此案辯護律師，將於近期提起刑事訴訟。

監委王美玉也認為，屏東地檢署並未查證 Supriyanto 的死亡與遭受虐待是否有因果關係，偵查並不完備。

事實上，偵查尚未結束。Supriyanto 的案子，檢察官並沒有做成起訴、不起訴處分，而是將此案行政簽結，這種檢方實務常用的方式，不時帶有爭議。

屏東地檢署主任檢察官陳韻如接受我們電訪時解釋，他們在二〇一五年九月九日接獲通報，就進行了司法相驗，並在兩天後為 Supriyanto 解剖。由於檢察官認定此案死亡方式為意外，應無他殺嫌疑，便暫時結案，陳韻如說，未來仍可能分案調查[3]。

雖然行政簽結留下了「未來會繼續查」的伏筆，但經常處理人權案件的律師曾威凱說，這可能性很低。

「有人死亡的案件，做行政簽結本來就很詭異。」曾威凱補充，通常只有被告不詳、毫無事實根據、明顯是民事糾紛的案件，才會用行政簽結。但 Supriyanto 的案子攸關人命，檢察官應該查過所有關係人，確定都沒有責任，做成不起訴處分，而非簽結。

監委王美玉也對行政簽結充滿懷疑。她解釋，檢方沒有起訴，而是以行政簽結暫時結案，唯有找到新事證，才會繼續調查。但 Supriyanto 已經死亡，其他漁工都回到印尼或再次出海工作，他的家屬上哪去找到新事證[4]？

4 在《報導者》於二〇一六年十二月底刊出調查文章後，引起媒體跟進，屏東地檢署立即表示要重啟調查。二〇一七年三月二十二日，屏東地檢署主任檢察官陳韻如接受電訪時表示，目前 Supriyanto 的案件已經重啟調查，分他字案偵辦中。偵查期間，無法透露方向與細節。

不過死了一名漁工

船開出去，離岸越遠，漁工的命只會越來越薄。Supriyanto 死前一個月，一名同船印尼漁工，就在收網時，因為風浪過大墜海。

跑過鮪釣船的船員曾向我們形容，這不是「人幹的工作」，台灣老闆讓船開出去，就一定要賺夠錢。下鉤、起鉤超過二十四小時的捕撈作業，漁工輪班工作。漁獲多時，一天往往只能睡兩小時，船再晃、浪再大，站著都能睡著。

與我們合作的印尼調查報導媒體《Tempo Magazine》，派送記者進入印尼中爪哇的直葛（Tegal）、八馬蘭（Pemalang）、芝拉扎（Cilacap），以及雅加達（Jakata）等四地，採訪上過台灣漁船的漁工們；二〇一六年十二月，他們也飛至台灣，在台北、基隆、前鎮等三地，直接以印尼語和地方方言，了解印尼漁工的生存處境。

綜合我們兩方的調查內容，都在在驗證了：這不僅是一人的死亡，而是一整個群體的夢魘。

根據漁工們的說法，他們有時整天不能睡覺、在沒有攜帶氧氣瓶的情況下潛至海面下處理機械問題，他們會被體罰、電擊，在海上只能食用受損的漁獲、摻著綠豆的米，過農曆年才有餅乾吃；他們很難喝到新鮮的水，淨水只供給船長，有時他們得想辦法把冷凍漁艙裡結的霜煮過後飲用。

有時日子真苦得過不去。一名到阿根廷捕魷魚的船長告訴我們，他們在南半球高緯度海域作業時，天氣酷寒，他船上的菜鳥漁工，因為睡不飽、負荷太重，乾脆棄船跳海。

「他太天真，別艘魷魚船水銀燈很亮，看起來很近，但其實船至少要跑一個小時。他打包衣服綁好，再綁救生圈，跳下去。」這人在水裡游了二十分鐘，勸也勸不回來，直到最後他四肢僵硬，凍得連話都說不清了，船長才把這個漁工救了上來。

通常，漁工眼裡是看不見岸的，想跳船也沒目的地。一趟水路（從出海到作業地點的航程）往往就要幾個月，作業開始後，船公司為了多捕、多賺些，也儘量不讓船進港，而是在海上進行補給，運搬漁獲。漁船成了名副其實、搖搖晃晃的海上工廠，漁工從出海到下次上岸，從數個月，到半年都有。

不同漁法、不同噸數的漁船上，漁工們面對的工作情況、生存樣態自然不同。但Supriyanto工作的漁船，便是台灣遠洋漁船中最常出事的一種。

根據漁業署統計，近十年，台灣遠洋漁船已有二十三起外籍漁工造成的海上喋血案，其中十七件，便是發生在一百噸以下的小釣船上。這類漁船，船體長不過二十四公尺，甲板下的空間，扣掉冷凍艙，便是漁工住的地方。船艙低矮，每個漁工擁有的空間，僅比四肢寬些，來自不同國家、宗教信仰、文化習慣的漁工，工作、吃飯、睡覺，時時刻刻在一塊，不順眼的事，久了在心裡放成疙瘩，漫不經心的小衝突，也可能釀成災禍。

Surpiyanto 工作的漁船，就是船長一家貸了好幾百萬，準備與天搏命、不到百噸的小釣船。急切又沈重的滿載壓力，把這艘小船逼得喘不過氣，同船一名漁工在訊問時就說：「其他（漁工）都是新人不是很適應，全部的人情緒都忍耐到極點了。」

Supriyanto 動作較不俐落，只能做些簡單的工作。他曾告訴一名漁工，全部人都會罵他，其他人工作生氣時，手裡有什麼就往他身上丟。這些行為，無論是加以管教、情緒失控還是惡意施虐，都把 Supriyanto 逼入絕境。

海洋巡防總局第五海巡隊分隊長曹宏維說，一般人認知海上喋血案，都以為受害者是船長。他也曾抱持相同印象，直到自己出海救援一名遭漁工挾持的船長。

「我們實際看那個情形，很明顯知道，就是虐待漁工，漁工反抗，他（船長）趕快叫我們過去（救援），」他說。

船上權力關係幽微，雖然幹部與漁工人數比例不對等，但船長仍是船上，唯一能夠打衛星電話，對外求救的人。

仲介、船長、海巡隊員、海上觀察員，這些真正上過船的人都隱隱知道，外籍漁工在船上被虐待，事實上是比船長被殺害更常發生的事。但漁工難以對媒體發言，漁業署也只統計了我國船長遭受外籍漁工傷害的事件，但外籍漁工若被虐待、殺害、死亡、失蹤、受傷，一概沒有統計數字。

沒人對他的死亡負責

沒被填下的數字，卻是一個個真實活過的人。

Supriyanto 的遺物，家人幾乎沒有動過。小小的腰包，是他僅有的行囊，裡頭仍裝著他的證件、戒指、前妻照片、可蘭經文、護身符和幾張皺皺的紙。其中一張摺得爛爛小小的紙裡，像怕忘記，寫著家裡地址。

他雖然安靜，跟其他家人也不親，卻是念家的人。出航前，Supriyanto 告訴妹妹，「如果我沒有回來，幫我照顧兒子。」現在妹妹靠賣印尼小吃，扶養他兩個兒子。

二〇一五年八月初，Supriyanto 身體狀況開始惡化。船長在知情後，叫 Supriyanto 在船艙休息，還拿了些成藥給他吃。訊問時，船長說，他當時聯絡其他返航的船隻，要讓 Supriyanto 先返台就醫，但都聯絡不上。

然而，漁業署、漁業電台都沒有這艘漁船上有漁工生病，要求返航或就醫的通報紀錄。漁業署副署長黃鴻燕接受《報導者》專訪時，指出遠洋漁船上如果漁工有重大傷病，需要向電台通報，做醫療諮詢，必要時送醫；但該船船長未做適當處理，也沒有緊急送醫，「對於人命沒有這麼重視」。

Supriyanto 屬於境外聘僱的漁工，跟一般境內外籍勞工不同，不受到《勞基法》保障，但在境外聘僱的管理辦法裡，仍明確指出，外籍漁工如果生病，船主必須負責及時就近安排治療。

但屏東地檢署僅調查 Supriyanto 是否為他殺，並未針對船長或其他人，調查是否有人業務過失致死。

律師曾威凱說，Supriyanto 即使毫無外傷，單純病死，「都要因為船上特殊環境，去追究船長有沒有過失。」監委王美玉也認為，檢察官明顯怠責，業務過失致死是非告訴乃論之罪，檢察官為國家代表，卻未依法偵辦，應該重啟調查。

對於監察院的要求，屏東地檢署主任檢察官陳韻如回應，他們仍在考慮。

截至目前，沒有人為 Supriyanto 的死亡負責。

Supriyanto 因為是境外聘僱漁工，不享有勞健保，自然也沒有任何死亡給付或津貼。境外漁工唯一投保的五十萬元意外險，因為他被認定為病死，無法領取。無法規可循，他的家人也不能得到任何賠償。

讓他們賭命的聘僱制度

Supriyanto 跟其他遠洋漁船的外籍漁工，都是經由境外聘僱的方式，來台灣漁船工作。但這個充滿漏洞的制度，卻把漁工們放進極端不公平的遊戲規則裡，讓他們被不斷剝削、賭上命、簽下不平等契約。

《報導者》和印尼調查報導媒體《Tempo Magazine》各自深入兩地進行調查，發現與 Supriyanto 接觸的台灣與印尼兩地仲介，都是違法仲介。Supriyanto 的台灣仲介陳金德二〇一五年並未接受仲介評鑑，漁會不曉得他招聘漁工。Supriyanto 的印尼仲介，也不在當地政府部門核可名單上，是非法經營。

透過非法仲介，Supriyanto 也以假的船員證出航。根據調查，印尼政府網站上查不到 Supriyanto 船員證號碼。招聘他的印尼仲介受訪時指出，Supriyanto 自行提供船員證跟護照，但他們未查核，就送他出海。

同時，我們也取得印尼仲介與 Supriyanto 所簽署的契約，發現仲介利用押金制度，防止漁工任意離船，更附帶處罰條款。

談到 Supriyanto，家人都說他「很安靜」，與人起爭執，也通常不會反擊，個性較為軟弱。但這紙契約，無疑讓漁船成為他海上囚困的牢。

Supriyanto每個月薪水該領一萬〇五百元台幣，但攤抵仲介辦理證件的費用，他第一個月，實際只能拿三千元。而上船兩年，他要支付高達三萬元台幣的押金，唯有撐到滿期，才能領回。

所以他不能反抗船長，如果被送回印尼，沒賺到錢，還可能負債。合約寫著：「我充分瞭解，當公司或船長叫我做事或工作，不管那些是否為船員的工作，我隨時可以上任」、「如果船長發現我無法工作，我願意被送回印尼，如果未滿一年，我願意自己支付來回機票的費用……」。

合約上也規定，他如果做錯事、偷懶、逃跑，或是要求回家，都會連累家人，家人最高必須要支付印尼仲介三萬元的罰款。

監察院因為Supriyanto的死亡，對漁業署提出糾正案，指出漁業署失職。漁業署作為境外聘僱漁工的主管機關，卻不知道這些漁工簽署了不平等契約，也未落實仲介管理跟評鑑。

其他未解的案件

制度編成的陷阱，讓漁工一個個陷落其中。宜蘭縣漁工職業工會祕書長李麗華曾列了一個清單給我們，紙上數百名漁工名單，都是她調查中的案子。

其中牽連超過七百名受害者的「巨洋號案」，目前因為台灣與柬埔寨沒有邦交，亦未簽署法律合作協定，檢方難以調查。

透過英國 BBC 報導，柬埔寨青年 Yim Bun Then 和其他一千多名柬埔寨人，二〇〇九年時藉由台柬兩國合資，但由台灣人經營的仲介公司「巨洋」（Giant Ocean）的介紹，到台灣遠洋漁船工作。他們分別被販運至台灣、南非、密克羅尼西亞、卡達、日本、馬來西亞與新加坡等國籍之漁船。

仲介公司聲稱漁工每月可以獲得約台幣四千五百元的薪水，實際上卻連一半都拿不到。

Yim Bun Then 對 BBC 記者說：「我幾乎沒日沒夜工作，卻無法拿到所有的薪水。當我因為生病而不能工作，或是動作太慢的時候，會被船長毆打。」

他們常常餓肚子，他在船上工作的整整兩年之中，只靠港一次。通常，都是運輸船來往港口，又或別艘漁船來運送物資和載走漁獲。

「我從不奢望回家。因為在遠洋工作，每一天，就只能看得到海。我甚至無法與我的家人通訊。船上的工作環境讓我覺得自己像個奴隸。」他說。

另一起「開普敦七十四人案」，是二〇一三年，五艘台資但掛上外國籍的遠洋漁船，遭南非政府以非法漁撈（IUU）[5]將漁船查扣，船上七十四名印尼漁工遭船主棄

5 IUU 有三種，一是指非法（Illegal）：漁船違反國內或區域漁業管理組織規定；二是指未報告（Unreported）：未向船旗國或區域漁業管理組織通報，或虛報／低報的捕魚活動；三是不受規範（Unregulated）：指無國籍漁船或非屬區域漁業管理組織會員，漁船卻進入捕魚。

置，成為人球。

我們在印尼訪問了其中一名漁工，年僅二十三歲的 Putra Juddin 說，他沒領到半點薪水，出發前，還以為自己要到郵輪工作，在機場一看合約，才發現是台灣公司，還是一艘到開普敦的漁船。

至今，Putra Juddin 都沒有得到賠償。他最大的夢想，是親自來一趟台灣，討回公道。

從 Supriyanto 至今懸宕未解的死亡，到數十人、數百人的懸案，都能與國際勞工組織（ILO）列出的十一項構成強迫勞動的指標，進行比照與勾選。

指標包括：濫用弱勢處境、欺騙、行動限制、孤立、人身暴力及性暴力、恐嚇及威脅、扣留身分證件、扣發薪資、抵債勞務、苛刻的工作及生活條件、超時加班。

我們拿了近乎殘忍的滿分。

家屬只要一個公平

監察院啟動調查後幾個月，Supriyanto 的台灣仲介陳金德在二〇一六年八月，以十萬元和 Supriyanto 的家人和解，這已經是 Supriyanto 死後將近一年。陳金德告訴我們，這之前，他們一直找不到 Supriyanto 的家人。

「和解」使人相當困惑，因為 Supriyanto 的家人不斷重複，他們離真相仍然很遠。我們向 Supriyanto 的堂弟夫婦詢問這件事。他們解釋，台灣仲介的確來過家裡，給他們一筆錢，並要求簽下和解書。在這之前，他們僅從台灣這邊收到四萬多元的薪水。

和解書是雙語的，以中文跟印尼文，寫著 Supriyanto 生病死亡。內容指出，家人領了這筆錢後，「不得再向甲方及承保公司要求其他賠償及一切所生之法定責任，並不得再有異議及追訴等情事。」

和解書內容等於要他們放棄追究 Supriyanto 的死亡。

「那你們為什麼會簽名？」

「她（仲介）叫我們簽，不用管文件上的文字。她還是會幫我們，我們相信她，她做出承諾。」

Supriyanto 不顧一切簽下的不平等契約，跟家人明知不妥，卻接受的和解書，成了悲傷的交叉剪接。對這家人來說，台灣太遠，只要有人說自己從台灣來，無論是誰，都成了他們的寄望。

我們結束採訪、離開印尼已經一個多月，他的家人仍不時傳英文簡訊過來。

「I just hope really really need your help to justice. the people was kills my brother, not need any more… please help us.」（我只是希望，非常非常需要你的幫忙，得到公平。這些人殺了我的哥哥。我們沒想要更多……請幫幫我們。）

文／蔣宜婷

共同採訪／李雪莉、鄭涵文

2

牛頭與他的「商品」

憑著朋友的記憶，我們到了Wadina住的漁村。位在印尼中爪哇直葛市（Tegal）北岸、鄰爪哇海的村子，像長年浸在海裡，被撈起來曬乾，散發著腥腥鹹鹹的味道。

這是個男人缺席的村子。Wadina的丈夫做了一輩子的漁民，前陣子過世，他們的三個兒子從小跟著父親在鄰海捕魚。父親的船至今還繫在泊船處，太久沒用，引擎都給人「借走」了，而男孩們早已往更遠的大海去。

掙一個足夠翻身、遙遠的夢。

再也等不到的兒子

眼裡能見的海，或是更遠的大海，都是Wadina想像不到的地方。她每天騎著貸款來的機車在漁港跟市場間批貨、販賣燻烤過的魚乾，運氣好時，一天賺兩百元台幣，收入微薄，勉強打平一家人開銷。

「我有去過台灣。」在村裡見著的幾個男人，都對我們說上幾句不流利的台語，而這是最常講的一句。其他多是零星的單詞，像是「前鎮」、「東港」、「兩年」，前兩者是台灣兩大遠洋漁船港口，後者是他們的合約期。

這個五千人居住的漁村，八成以上的男人跑過台灣漁船。七〇年代左右，日本人來這招募船員，但不知道從何時開始，人們都來台灣工作。根據當地團體印尼漁民協會（Indonesia Fisherman Association）統計，二十多萬人居住的直葛市，一年就有五千多名漁工來台灣工作，「這是全印尼輸出最多漁工到台灣的地方，」執行長Jamaluddin告訴我們。

台灣人認識的印尼，從不包括這個漁村，但村民們對世界的美好想像，一定有台灣。

新式平房沾著鄰人欽羨的目光，去台灣跑過船的男人，存幾年錢，把家翻修了，外牆鋪起花俏磁磚，寬敞而氣派。「台灣有很多有錢人、很多大樓，所有東西都很豪華，有很多很多快樂的事情。如果你去台灣，你會過得更快樂。」Wadina的女兒Nova說。

她們的一派天真樂觀，卻換回悲劇結尾的故事。Wadina的大兒子Visa Susanto已經六年沒有回家了。Visa是二〇一三年特宏興案的主嫌，這艘從宜蘭蘇澳到南太平洋捕鮪魚的小型鮪延繩釣船，出海半年後，Visa及其他五名漁工，因為不堪船長虐待，反擊並殺害船長。Visa被台灣法院判處二十八年的刑期，目前仍在台北監獄服刑。

Wadina小心翼翼抱著手邊僅有的Visa照片。手機相機畫素差，照片裡Visa的臉孔失焦、模糊不清，恍惚間又像個陌生人。Wadina不知道，從小乖巧、顧家的Visa，為什麼會做出這樣的事來。

不過Visa並非個案，根據農委會漁業署統計，近十年來，台灣就有二十三起外籍漁工犯下的海上喋血案件。遠洋漁船開出去，就是隔絕又險峻的大海，狹小船艙成了這些漁工搖晃晃的海牢，離岸上的牢其實不遠。

為剝削開大門的「境外聘僱」

台灣遠洋漁業有著輝煌的紀錄：年產值新台幣四百三十八億元，擁有全球最多的遠洋漁船。但撐起整個產業的基層漁工，卻是長期被犧牲的一群人。

一九九五年行政院主計處針對當年「台灣地區農林漁牧業調查」所做的研究，揭示了台灣漁業的勞動困境：勞動供給缺乏、所得偏低。其中又以僱員比例最高的遠洋漁業，需求最為殷切。陸上工作薪資調高，加上漁船環境艱苦，遠洋船員一波波從澎湖、小琉球的漁民，到一九八〇年代的原住民船員，他們都漸漸回到岸上，討海人少了。

因低薪所致的「缺工」，政府決定用更低廉的外籍勞力來解決。一九七六年，農委會在業者要求下，准許台灣漁船在國外港口僱用外籍漁工。這些漁工因為工作場域在海上以及其他國家的港口，不在台灣境內，市場上於是以遠低於台灣國內的價格聘僱，便宜的中國船員在九〇年代成為一時首選。

但輸出國很清楚，勞力剝削是種慢性傷害。二〇〇二年中國禁止漁工輸出台灣，原因無他：薪水太低、充滿漏洞的合約、船員安置及勞動條件差勁。

再次面臨缺工，農委會於是用盡方法獎勵漁船僱用其他外籍漁工，開啟了「境外聘僱辦法」。雖然目前無論是遠洋或沿近海漁船都可僱用外籍漁工，但遠洋漁船的「境外聘僱」從此與沿近海漁船「境內聘僱」分成兩軌[1]，薪資差異大，更由不同主管機關管轄。

沿近海「境內聘僱」的外籍漁工、廠工，和本國勞工一樣，都受勞動部的《勞基法》保障，基本薪資為兩萬一千〇九元台幣，但一名境外聘僱印尼菜鳥漁工，月薪是九千元台幣。二十年前台灣船員的薪水，至少有一萬六千元台幣。

同為勞工，走「境外聘僱」的外籍漁工，卻不為勞動部管理，不受《勞基法》保障，他們沒有勞健保，一切交由市場決定。

政府開了境外聘僱大門，讓遠洋漁業開始豢養一群無限下探低價人力的台灣仲介。他們在亞洲行走，從中國往北到北韓，往南踏足印尼、泰國、柬埔寨，就為了找能吃苦、聽話、廉價的漁工。

畢竟簽下合約，一抵就是漁工兩年的自由。漁船上的苦，岸上的人難以想像，有時海只是海，四望無船，等待魚群成了窒息的折騰；漁獲多的時候，漁工又時常連著

1　一九九二年行政院勞工委員會（現稱勞動部）依據《就業服務法》發布了《外國人聘僱許可及管理辦法》，逐步開放沿近海漁船聘僱外籍漁工，是目前境內聘僱的源頭，但境內聘僱仍在《勞基法》的規範範圍內。

一個禮拜，每天只睡兩小時，累到不行，甚至有人選擇跳船。漁工猝死落海、船被另一艘漁船撞沉而受困他國，都時有所聞。

仲介不停歇地競逐低價。遠洋漁船上，不同國籍的漁工有不同的「國際行情」，從事仲介的印尼華僑W小姐說，近期越南籍漁工減少，除了逃跑率高，另一原因就是越南政府將漁工底薪調為一萬兩千元，經過仲介報價，又變成一萬五千元，薪水調漲，船老闆便稱負擔不起。

這幾年遠洋漁船成本的確增加，競爭也更為激烈，船老闆砸重本與太平洋島國買捕撈權，也付出昂貴的油錢，但講到提高漁工薪資，不時會聽到這類答案：「把遠洋漁船，調到跟國內近海的薪水一樣、《勞基法》基本薪資，我們遠洋漁業全部死光光。」

於是，當年輕、順服，耐寒且適應艱苦環境的北韓漁工，因為北韓遭受聯合國制裁、不得輸入後，仲介便及時在印尼找到同樣令人滿意的勞力，這些漁工樂觀、溫順，而且價格最低。

根據漁業署統計資料，境外聘僱的人數年年增加，十年內成長三倍[2]。二〇一五年，就有一萬四千六百二十七位外籍漁工，透過境外聘僱在台灣遠洋船工作。其中一半以上漁工，便來自印尼[3]。

2　根據二〇一五年漁業署統計資料，二〇〇六年，境外聘僱外籍漁工為四千四百五十三人，人數逐年上升，二〇一五年成長至一萬四千六百二十七人。值得一提的是，目前遠洋船上的台灣籍船員，僅剩四千四百九十人。

但印尼漁工也成了多數喋血案的主角。Visa是特宏興號的資深漁工，二〇〇九年開始替被殺害的船長工作，他跟多數人一樣，不到二十歲，年紀輕輕就上船。第二趟出海時他告訴母親，存一筆錢，回來要跟女友結婚。雖然法院認定殺機來自船長暴力管教，但Visa自己也不知道，心心念念要回家，怎麼會犯了如此嚴重的錯誤。

從漁工身上賺回來

有些故事，可以明確摸到釀成錯誤的線頭，但這群漁工的悲劇，卻是一團纏捲的線，藏著兩地緊密的剝削體系。為了瞭解系統如何運作，《報導者》與印尼調查媒體《Tempo Magazine》，同時交叉比對官方與仲介資料，勾勒出漁工被剝削的全貌。

在這個體系裡，我們發現，船老闆與一名漁工間，一隔就是三層仲介者，他們緊密分工，舖好一條輸送漁工上台灣漁船的途徑。保障暢通的承諾，是每個角色都能從中圖利。

最先與漁工接觸的掮客稱為牛頭（Sponsor），他們在村莊裡閒晃、四處拉人上船，透過他們，沒有跑船經驗、人脈關係，不具備相關知識，也不知道怎麼準備出國資料的印尼男人，得到了一個脫貧翻身的機會。這些牛頭通常不需花言巧語，只要轉述鄰里間的成功案例，再跟漁工掛保證，「去台灣可以賺很多錢」，就能得到信任。

3　根據二〇一五年漁業署統計，台灣境外聘僱漁工來自二十幾個國家。其中以印尼籍漁工八千四百三十四人最多，占了境外漁工總人數的百分之五十八。次多為菲律賓籍，共四千三百一十五人，第三多為越南籍，計一千五百〇八人。

一名牛頭Ade說，他向仲介所介紹一名漁工賺三百元台幣，一個月可以介紹十人，「現在（台灣）需求越來越高，（漁工）有沒有經驗都可以。」

直葛地區一間中型的仲介所PT.BAHARI與不少牛頭合作，Ade是其中一人。該仲介所百分之八十五的漁工派送到台灣，一個月約兩百多名。PT.BAHARI與台灣仲介[4]簽約，負責招募漁工，處理相關文件。

但台灣仲介下單來得又兇又急，接單的印尼仲介為了招募更多漁工、賺取利潤，必須行賄打通印尼各政府部門。仲介W小姐說，只有靠關係、多付錢給中間人，證件才能在一、兩個禮拜出來，否則就要等上好幾個月。PT.BAHARI的執行長Agus Riyanto也向我們透露，他們處理的所有文件，只有護照不能造假。

印尼總統佐科威（Joko Widodo）二〇一六年十月突擊印尼交通部，當場以收賄為由逮捕六名官員。其中一項重要發現，就是由印尼交通部認證的船員證，近百本都是同一組船員號碼。

對仲介跟船老闆來說，賭上高風險，這筆生意得帶來更好的利潤。這一層一層，都得從漁工身上要回來。

PT.BAHARI的執行長Agus Riyanto說，他們獲利不高，每派一個漁工，台灣仲介給他們兩千五百五十元作為招聘費。但從《報導者》取得另一家印尼仲介與台灣仲介

4　新法《遠洋漁業條例》於二〇一七年一月二十日實施前，在台灣，無論個人或是公司都可以做仲介，也有船東自己擔任仲介的案例。但新法實施後，已明確規定申請為仲介機構者，要以漁會、漁業公會、登記為法人的漁業團體或公司為限。同時要求仲介機構需繳交保證金，確保經營及履行契約之責。

的合作備忘錄中，可以知道行情不僅於此，其招聘費為一萬五千元，是菜鳥漁工近兩個月的薪水。

仲介W小姐則不願透露她抽取多少佣金。與她合作的牛頭，每介紹一個漁工，至少要費用一千元，「這已經是最便宜的，」她說，Ade報給我們的行情是錯誤的，一般牛頭費都要三千到六千元，而這些最後都要台灣仲介承擔。如果牛頭費用太高，她最後也是扣船員薪水。

使人為奴的現代化契約

一名菜鳥漁工能拿到的薪水，往往比談定的九千元台幣來得更少。

上船兩年，除了攤抵仲介辦理證件的費用，還需扣除七至九個月的押金，漁工們前幾個月實領的月薪可能只有一千五百元台幣。高達三萬元的押金，漁工需完成合約才能領回，但漁工流動率高，仲介W小姐說，船長可以任意更換漁工。根據我們所得到的合約內容，上頭寫下「漁工需絕對服從船長命令，若違規，即能遣返」的嚴格字句。

《美聯社》（*Associated Press*）二〇一五年調查報導揭發東南亞漁工被虐、關進牢籠。台灣版的血汗海鮮看似文明也高明，是讓所有苛扣、奴役、不平等都出於自願。

《報導者》透過台灣漁工團體、印尼仲介及印尼當地團體取得多份漁工合約，翻譯後發現，合約條文裡還苛扣漁工薪資，更有處罰條款。

「若工作後船長發現本人無法工作，本人願意無反抗地回國。」

「我充分瞭解，當公司或船長叫我做事或工作，不管那些是否為船員的工作，我隨時可以上任。」

「船主在以下狀況下有權利解約，並從本人薪水扣除回國費用：

a. 在工作期間內被發現有肺結核、愛滋病、心臟病、癲癇、神經疾病、或傳染病

b. 不良的行為、壞行為

c. 違反中華民國台灣所規範的正常行為

d. 不執行船長的指令以及違反船上的規則

e. 喝酒鬧事、吸毒、打架

f. 無故逃離離開船」

漁工一旦遭解約、遣返回國，押金一扣，可能什麼錢都領不到，還要自己付回程機票，最後一身負債，甚至連帶處罰家人。

「我充分瞭解我在國外如果逃跑、偷懶、要求返國或是因犯錯被遣返回國，印尼仲介公司有權利要求我的家人繳交罰款和其他費用（如：罰款、機票、交通費），如果我的家人不願意支付，根據法律，印尼仲介公司可以控告我的家人，我的家人最高必須支付一千美元給印尼仲介公司。」

上述的合約內容，身為主管機關的漁業署，毫無掌握。

漁業署要求漁船船主需與船員協議，簽訂合約。該合約從漁業署網站下載，除了薪水欄可以自由填寫外，其他契約內容都不可擅自變動。換句話說，上述的所有內容都不該出現。政府所擬的定型化契約，僅要求漁工「服從船長的合理指揮督導」，並沒有任何關於保證金扣款、處罰家屬的約定。

但業主實際執行的不是這份官方合約，而是另一份由印尼仲介發出、台灣仲介留存的合約。由於多數漁工教育程度不高，僅有國中小學歷，印尼仲介在漁工出發前一刻才給漁工簽署，他們來不及對內容深究，就趕著簽名上船，大部分漁工甚至連合約影本都沒拿到。

二〇一六年十月，監察院因一起印尼境外聘僱漁工死亡的案件，對漁業署提出糾正案，該案諸多疑點之一，便是該漁工有兩份內容截然不同的合約。

漁業署副署長黃鴻燕接受《報導者》專訪時指出：「兩份合約是完全不可思議。漁工和仲介簽這樣的合約是私下行為，不該是政府責任，仲介商在搞鬼嘛，一方面給我（政府）定型化合約，一方面跟漁工簽不同的合約。」

暗地裡額外簽下的不平等契約，漁業署認為漁工與印尼仲介簽訂的契約並非我國能管轄範圍，況且，這是個案不是常態[5]。

但經《報導者》走訪以及取得的多份合約，發現這已行之有年，而且陷漁工於危險境地。教育程度不高的漁工經常只有五分鐘閱讀，有時甚至沒看過合約，由仲介代為簽名；他們未充分理解自己走的是沒有保障的境外聘僱軌道、可能遭遇遠洋漁船上頭的惡劣環境。他們在多層的仲介裡「被走私」進漁工的銷售通路裡。對於這些，漁業署毫無掌握。

即使不少受訪的船老闆說，船開出去，要賺錢，就不能虧待漁工，但沒有人能夠保證上萬名外籍漁工，簽下的是一份被合理對待的合約，還是一筆漂流兩年的賣身契？

很好騙的食物鏈

當漁工出海工作兩年後安全回岸，又可能是另一把賭注。

5 二〇一七年一月二十日，新法《遠洋漁業條例》實施後，規範仲介公司跟外籍船員簽訂的契約不得巧立名目收取費用，不得以強暴、脅迫或其他方法，強制外籍船員從事勞動，也不得預扣工資為違約金或賠償費用等。並且要求台灣仲介提供與印尼仲介所簽署之契約，防止不合理內容。

在直葛的另一個村莊裡，有人指著一名在水溝小便的男人告訴我們，「這個人從台灣回來，因為被船長打，現在精神不正常。」沒幾步路，我們又聽到另一個故事，「四個月前，有個漁工從台灣回來，因為沒有領到薪水，爬上電塔，跳下來自殺了。」

仲介W小姐直言，非常高比例的漁工就算期滿回到印尼，也拿不到薪水。兩地仲介手把著手，給了漁工們一條毫不費力、上台灣漁船的管道，但出了事情，手一攤，沒人需要負責。

無論是境內或境外聘僱，仲介都有上下其手的空間，但境外聘僱在印尼和台灣都像是一個三不管地帶，被惡劣的人口販子玩弄。

在印尼，境外聘僱的漁工牽涉的部會除了交通部、人力資源部、海洋部、更主要的是外交部，但荒謬的是印尼的外交體系，像是印尼駐台辦事處並沒有掌握透過境外聘僱來台的印尼漁工名單。印尼交通部長BudiKarya Sumadi接受專訪時表示，印尼漁工在台灣漁船上之所以受到不當對待，他認為很可能是因為這群漁工透過非法仲介上船，而仲介認為台灣是個不存在的國家（the country doesn't exist），一旦出事，仲介可以迴避外交程序。

印尼供給方出問題，而台灣的需求方也大膽開放管道，讓境外聘僱不受《勞基法》保障。漁業署對仲介未查核和控管，結果讓境外聘僱仲介惡形惡狀的例子，層出不窮。

仲介W小姐說，雙方仲介常相互欺騙，曾經好幾次印尼仲介收了她的錢，卻沒幫她找到漁工。境外聘僱裡的每個角色，都可能被「坑」好幾筆，為了確保自己賺得更多，不少台灣仲介或船公司，選擇吞掉漁工薪水。

依據規定，船主可以自己招聘漁工，但若要透過仲介，必須是登錄在漁業署公告名單裡的仲介業者。仲介聘僱漁工，須向地區漁會或產業公會報備，再呈給地方政府。

但這份漁業署核准的業者名單，絲毫沒有參考價值。

二〇一三年，五艘掛外國國籍、台灣老闆的遠洋漁船因為非法文件被扣留在開普敦，船上七十四名外籍漁工成為人球。我們在印尼訪問了其中一名漁工，年僅二十三歲的 Putra Juddin 說，船公司與仲介丟棄了他們，整整五個月的薪水也不翼而飛。

Putra 說，他原本以為自己要到郵輪工作，到了機場，才知道是一艘去開普敦的遠洋漁船。「混帳」成了他對台灣僅有的印象。

而這艘漁船使用的仲介公司，至今仍在漁業署公告的白名單上。

從船老闆、台灣仲介，到另外的中間人，只要有其中一人捲款潛逃，相互推託，沒人需要負責。

境外聘僱成了一條好騙的食物鏈，漁業署脫不了責。漁業署目前將仲介的管理與評鑑交由地區漁會，評鑑從未落實。此外，目前法規對於仲介的規範僅只一項，認定

6 二〇一七年一月二十日，新法《遠洋漁業條例》實施後，要求主管機關漁業署須每年辦理仲介評鑑，並將依評鑑成績分級。我們於今年三月向漁業署確認此事，但目前仲介評鑑方式為何、由誰來評鑑，他們都仍在研究，並未定案。

仲介失責時，會被踢出白名單，但此懲處對仲介而言無關痛癢，實務上，仲介有好幾個人頭輪流使用，換個名字照樣運作，仲介W小姐也指出，許多人承攬仲介業務，根本就不在白名單上。

高雄市海洋局作為代管前鎮漁港的地方政府，也察覺異狀。局長王端仁認為，漁業署應參考勞動部機制，並花更多心力評鑑仲介。「不好的仲介，可以強制退場，可是漁業署是否有落實？」王端仁質疑，勞動部評鑑的仲介遍布全國，漁業署才九十幾家，為何不做[6]？

境外聘僱還有救嗎？

受訪時，黃鴻燕承認，目前仲介管理鬆散，今年一月二十日《遠洋漁業條例》生效後，會訂定周全的仲介管理規範。但據我們了解，漁業署遠洋漁業組已經著手討論訂定境外聘僱漁工的最低薪資，欲提升為一萬八千元台幣（六百美元），但業者極為反彈，光是一個薪資門檻，目前還送不出行政部門[7]。

經由我們估算，一艘兩百六十噸鮪延繩釣船一年營運成本約是三千萬元，若船上有二十五名外籍漁工，一人月領九千元，只占成本的百分之九，而只要有人喊出提高成本，業者便怨聲載道。

7　新法《遠洋漁業條例》實施後，漁業署也已訂定了外籍漁工的基本薪資，不分國籍，一人一個月四百五十美金。漁業署雖然制定規範，還是難以確實執行，今年三月，我們接到仲介W小姐電話，她告訴我們，許多仲介仍漠視該規定，僅支付漁工一個月三百美金。漁業署至今無法確保外籍漁工領到基本薪資，經了解，他們未來將會配合勞動部，進行相關調查。

不少人看衰遠洋漁業，認為只要漁工薪資提升就無法營運下去。究竟他們是遠洋漁業抵禦競爭的堡壘，還是拖垮產業的執念？

我們在印尼專訪了BNP2TKI（印尼專門負責海外工作者安置與保護的政府機構）的副主席Agusdin Subiantoro。他們瞭解印尼漁工在台灣遠洋漁船上的艱苦處境，二〇一四年開始，遂以薪資過低、船上勞動條件太差為由，禁止輸出境外聘僱漁工來台灣漁船。他們正在要求提高漁工薪資，與台灣境內聘僱一樣，享有基本工資。

一名不願具名的船東L認為，他們未來勢必要在全球搶漁工，給薪門檻會提高。不同於台灣境外聘僱漁工不需要任何訓練與技術門檻，日本商社為了培訓漁業人才，直接在菲律賓蓋學校、訓練漁工。

仲介W小姐說，印尼有經驗的漁工也因為韓國開高薪，多上了韓國漁船，加上東南亞就業機會增加，台灣其實沒有多少選擇。現在她跟印尼方談條件時，都需用盡話術，「如果他們知道，台灣漁業必須要靠印尼的時候，他們可能就拿翹了。」

政府為了顧全產業發展，境外聘僱從暫時的解方成為常態制度，但要使其成為一個符合人道、且能完善落實的機制，困難重重。

特宏興案中，被殺害的船長家屬就曾指出，船老闆圖方便、降低薪資成本，以境外聘僱用了來歷不明、缺乏訓練的外籍漁工，在本國、外籍漁工人數比例懸殊下，讓台灣漁民身陷很高的風險中。

台灣國際勞工協會（TIWA）指出，藉由這些案例，台灣政府並非不知道境外聘僱所帶來的問題，但在沒有任何法規保障下，他們往往雙手一攤說「這些漁工是境外的」。

大量造假的文件，圖利了印尼政府部門、兩地仲介及牛頭，更形成密不可分的利益結構，這群被船老闆們形容為「海上二十四小時都有人為你工作」的漁工，卻被層層剝削，處境危險，隨時可能淪為人口販運案件。

此時，回顧台灣政府二〇〇九年簽署的聯合國人權兩公約，更顯得諷刺。

「人人有權享受公平與良好之工作條件，確保工作者獲得公允之工資、安全衛生之工作環境及休息、合理限制的工作時間及社會保險，不因種族、膚色、性別、語言、宗教……等受到歧視。」

赤道另端，印尼直葛的日子如常。

Wadina在後院竹棚下烘烤魚乾，升起村裡處處可見的濃煙。他們的家，有一半嶄新突兀的外牆，Visa以前寄回來的薪水，陸陸續續為房子貼上磁磚。但剩下那一半，不知道何時才能補上。

煙霧裡，Wadina頻頻拭淚。她仍相信孩子會回岸，每當鄰人問起Visa的歸期，她總是不假思索地回答，「快了，他快要回來了。」

地方小，大家都知道Visa的案子，當消息傳回來後，附近的仲介所為了避風頭，紛紛歇業、搬家。但人們沒有因此卻步，他們搭一小時的車，到另個村莊的仲介所。

村裡的男人們還在等待下次出海的機會。

文／蔣宜婷

共同採訪／李雪莉、鄭涵文

3

通往大海的村子

「這是媽媽給你們的，有兩支手機、兩雙鞋子，這個髮圈，是給妹妹的，零錢包裡面，也有你們媽媽給的一點零用錢。」

我們將帶來的包裹，遞給 Siti（化名）的女兒們。她們低下頭，閃避了我的目光，不打算打開包裹，顯得意興闌珊。我預想孩子們都喜歡禮物，但情況明顯不同，我一時語塞，包裹尷尬地落在我們之間的地板上。

出發印尼前，Siti 託朋友把包裹轉交給我們，幫她帶回老家。

不計一切的台灣夢

二〇一三年，一艘從台灣宜蘭蘇澳到南太平洋捕鮪魚的小型鮪延繩釣上，發生了一起船長遭船上六名漁工殺害的喋血案件，不堪暴力對待的漁工，聯手將船長、輪機長丟入大海。這兩人，屍體一直未被尋獲，而犯案的六名漁工，則被處以十四至二十八年不等的刑期，目前在台北監獄服刑。

Siti，是其中一名犯案漁工 Wara Kuswara 的妻子。菜鳥漁工 Wara 因為聽命於主嫌 Visa Susanto，犯了共同殺人罪，被判刑二十二年。Wara 定讞後，Siti 為了見丈夫一面，決定來台灣當看護工。

此行並不順利。二〇一六年十月初，Siti 正在台灣國際勞工協會（TIWA）接受安置，她一來台灣，就碰到違法僱主，被帶到高雄深山的民宿打掃，做著「許可外工作」，她無法使用手機，證件遭到扣留。Siti 自己對家人隱瞞了這件事，只希望趕緊和丈夫見上面。當時，她探監屢次受阻，因為她的戶口名簿在申請來台過程中，押給了仲介，無法證明自己與 Wara 的親屬關係。後來靠著大女兒傳來翻拍的結婚照，獄方才勉強放行。

那時他們夫妻已四年沒見。這是他們十七年婚姻中，最漫長的一次分別。

兩人結婚得早，透過相親認識，當時 Siti 十五歲、Wara 十八歲。婚後，Wara 搬進 Siti 在印尼西爪哇蘇橫（Subang）郊區的老家，跟 Siti 的父母、姊姊住在一塊。二〇一二年，Wara 已經失業了很長一段時間，他到處做雜工，沒有固定收入。偏偏這時期，是他們開銷最大的時候，Siti 懷了第二個孩子，大女兒正在上小學，需要學費。

Siti 的蘇橫老家在爪哇島上。爪哇是印尼第五大島，百分之六十的印尼人居住在這個島上，有一億四千多萬人，是全世界人口最多、人口密度最高的島嶼。爪哇同時是印尼發展最快速的地方，為首都雅加達跟其他工商都市所在地，但島上貧富極度不均，占人口多數的農人，擁有的農地卻越來越小，他們主要種植三期稻作，只有少數人能以自己的土地維生。在印尼，超過百分之六十的貧困人口住在農村，研究印尼的學者甚至指出，「當代的爪哇農村不再等於農民的。」沒有了生產工具的農人，就只能被推著出去。

有能力的人往大城市去，但更多沒選擇卻又想翻身的，則離鄉到更遠的海外冒險。

印尼政府從一九八〇年代開始，將海外工作輸出設為國內勞力過剩的解方，一九九七年金融風暴後，因為國內高失業率與物價上漲，造成海外移工人數大幅成長。這幾年印尼國內消費與投資增加，海外移工人數雖然趨緩，但二〇一五年，仍有二十七萬人出國工作。

這些人，適時填補了台灣遠洋漁業流失的大量勞動力。從一九八〇年代開始，台灣船東跟仲介在爪哇島四處找男人上船。

二〇一二年底，Wara 已經走投無路，朋友告訴他，到台灣工作很好賺，從沒離家太遠的他，決定孤注一擲到漁船上工作。

「我跟他媽媽，都一直不想要他去。」Siti 說。

我問了接觸過 Wara 的人，沒人知道他怎麼找到台灣遠洋漁船的工作。蘇橫是內陸地方，舉目不見大海，村裡的人多是農夫。

「他並不知道他會成為漁工，他剛上船（特宏興號）時，整整兩個禮拜都在暈船，但他還是被逼著工作。」印尼藝術家 Irwan Ahmett 告訴我。Irwan 跟同為藝術家的妻子 Tita Salina 一向關心印尼海外移工的生存處境，二〇一五年兩人於亞洲雙年展展示的作品〈灑鹽於海〉，是他們造訪特宏興案六名漁工的家庭時，所收集的故事與眼淚。二〇一五年，在 Wara 進到台北監獄服刑前，他們曾在宜蘭看守所見過 Wara。

來台灣遠洋漁船工作並非難事。在印尼，仲介所透過在地掮客牛頭（Sponsor）招募男人上船，他們到村莊，挨家挨戶打聽，每介紹一人，抽取三千至五千元台幣的佣金。Wara 交友廣，打工之餘，常跟朋友閒晃、打發時間，容易接觸到這些人，加上台灣遠洋漁船並不要求漁船技能訓練，申請起來，較其他國家容易。

仲介所還善於造假文件，與我們合作的印尼調查報導媒體《Tempo Magazine》，訪問了一名被捕入獄、專門偽造並出售船員證的販子，他一年偽造兩千本船員證以及基礎安全訓練證明，一本賣一百元台幣。透過他，像 Wara 一樣毫無經驗的人，只要到仲介所照張相，簽簽文件，隔天就能出發，不需等待機關審核，連最基本的海上求生技能都不用具備。

「他（Wara）當時一直哭，詢問太太跟孩子的現況。我問他，為什麼要來台灣？他很想改變人生，想替他的家人蓋一間新房子。」Irwan 說。

蘇横這地方，外出工作的主要是女人。她們到沙烏地阿拉伯、香港、台灣做家事工，用幾年存下的錢，回來蓋新房子。Siti 和 Wara 的家，和鄰人鋪著繽紛瓷磚的透天厝相比，確實簡陋太多。他們的水泥平房，慘白、布滿裂痕，還家徒四壁，唯一入眼的家具，只有一台放送肥皂劇的電視機。

Wara被抓後，Siti為了養家，硬著頭皮把家裡的田地賣了，但這讓他們處境更為艱難。為了讓孩子們吃飽，她不顧大女兒反對，執意來台灣工作，因此，當大女兒收到母親託人帶來的禮物，怎麼也開心不起來，在台灣犯了罪的父親，讓她頻頻遭受異樣眼光，在學校的成績也一落千丈。村子小，只要外人來訪都成注目，何況是一起刑事案件，雖然鄰里不太談論這事，但卻也有了疙瘩。Siti的鄰居說，「這家人都不太與人互動。」

「Elpi（大女兒）打給我，說她想上高中，我說再看看。Saskia（小女兒）也要上幼稚園了。」Siti在離開高雄深山民宿後，目前找到新雇主，繼續從事家事工。她對新雇主撒謊，說丈夫留在印尼，「怕他們看我不好，」她用不流利的中文告訴我。

Wara那趟出航，不僅沒有領到薪水，最後更以悲劇收場。他們至今從未擁有一棟自己的房子，Siti必須一人擔起家計，她才三十二歲，仍然年輕，母親一直勸她改嫁。

「他說，對不起，要讓你自己一個人照顧小孩。沒有辦法在外面幫忙你。」

二〇一七年一月時，Siti探望了Wara，他們夫妻間已經沒剩多少話題。

沒有男人的女人們

印尼村莊裡，常流傳一則台灣漁船恐怖故事，大意是「男人被騙了，沒拿到薪水，回來發瘋自殺了。」

對特宏興案主嫌 Visa Susanto 的妹妹 Nova Karolina 來說，那並非謠言，但她的版本是，哥哥上了台灣漁船，因為不堪虐待，教唆其他漁工，殺了船長。「哥哥出事後，爸爸就沒出過海了，他每天在村子裡走來走去，坐在船上，等哥哥回來。」最後父親抑鬱而終。

我們見到 Nova 那天，她騎著摩托車回來，後座載著一大袋烤火用的椰子殼。清早，她跟母親已經去了一趟直葛（Tegal）最大的魚市場，批好今天需要的魚貨。她們靠販售烘烤過的魚乾，每天賺兩百多元台幣。

西爪哇蘇橫往東，沿著荷蘭殖民時期闢建的產業道路，到中爪哇島北岸的直葛，約五個小時路程。因為緊鄰爪哇海，人們靠海為生。Nova 一家世世代代都是漁民，她剛去世的父親，一輩子在直葛沿岸捕魚，她弟弟跟丈夫，都正在台灣遠洋漁船上工作，都是跑了三趟以上，有七、八年經歷的漁工。

他們住的漁村，約有五千人。我們在村裡見不到幾個男人，每戶人家多彩的衣架上，只有女人小孩生活的痕跡。岸不屬於男人，他們十幾歲出航，把大半輩子換給大海。有人在直葛沿近海跑船，三、四天回家一趟，但多數人航向更遠的海域，他們跑外國船，簽下兩年的合約。這村子，有八成男人上過台灣遠洋漁船。

Nova 是典型留守下來的女人，她看著男人們前仆後繼地離岸，不計危險。

「哥哥是用非法方式出國的，」Nova 說。Visa 並沒取得相關文件，花不到兩個月，就出航了。根據我們調查，發現 Visa 持有的船員證的確是假的。他船員證上的號碼，其實屬於一個名為 Agusinus 的人。而直葛附近四十多家的仲介所，都沒有取得合法的營業執照。

漁村裡的人並非無知，他們知道有人在海上死亡、有人遭受虐待，而大部分人，都被台灣跟印尼兩地的仲介騙得團團轉。

但在他們心裡，要不要來台灣，並沒有一個天秤計算危機。他們太窮了，只要有途徑能翻身，他們可以不顧一切。二〇一六年，台灣遠洋漁船上，一名菜鳥印尼漁工一個月的薪水是九千元台幣，是直葛當地最低薪資的三倍。從台灣跑船回來的人，一一蓋起漂亮、偌大的新房，成了比鄰的廣告看板，日日夜夜向他們招手，上頭寫著：「上船吧！來賭一把。」

即便這本質上是不公平的賭局。籌碼少的人，常常全盤輸光。根據當地漁民團體

1　在印尼，並沒有正式的官方統計資料。但印尼外交部透過印尼漁工在國際重要港口推估，自台灣漁船起程或離開的資料推估，發現應有高達四萬名漁工為台灣工作。

統計，直葛地區，一年就有五千人到台灣漁船工作。去年台灣官方統計的印尼遠洋漁工人數，也不過九千人，但這之中存在太多黑數[1]。

我們拜訪Nova的前幾天，Visa才剛從台北監獄打了電話回來。「他每次打電話回來，都會問爸爸在做什麼，他們感情很好。我都跟哥哥說，爸爸出海了。」Nova跟母親，對Visa隱瞞了父親的死亡。每當鄰人問起Visa，他母親也總是回答，「快了，他快回家了，」雖然Visa的刑期，是所有漁工中最長的二十八年。

臨走前，Nova寫了長長一封信，託我們轉交給Visa，慎重卻憂傷。她今年二十六歲，從沒離開過這漁村。

一首印尼人人會哼上兩句的兒歌，此時卻聽來苦澀，歌詞大意是：「我們的祖先是漁民，勇敢迎向海洋，不要懼怕風浪，勇敢的年輕人，現在站起來。」

同一片大海，給了他們希望，也捲走他們的青春跟生命。

但我們從未在Nova臉上看過怯懦。她現在有個三歲的兒子，「其實我希望生十個孩子，我們覺得，孩子越多就越幸福。」她說，他們以後都會成為漁民。他們也很有可能，為台灣漁船工作。

文／蔣宜婷

4

夢的彼岸

台灣，前鎮、東港

每一年，有數萬名的外籍漁工，以境外聘僱的方式，為台灣的遠洋漁業付出勞力。他們來自印尼、菲律賓、越南、緬甸，甚至是北韓。

漁工從自己的家鄉入境高雄小港機場，只會在前鎮港口短暫停留幾天，隨即就出海面對未知的挑戰。

仲介通常開著九人座的廂型車，到機場接漁工們。他們手上拿著漁工基本資料，只要有皮膚黝黑的人從出境門走出來，仲介就趕緊上前確認。

上了車的漁工，搭著舊的廂型車，這是一個移動的鐵籠，鐵網把他們與司機隔開，更將他們與外界世界隔離。

他們的第一站，是被司機大哥載到高雄民生醫院，進行登革熱篩檢。

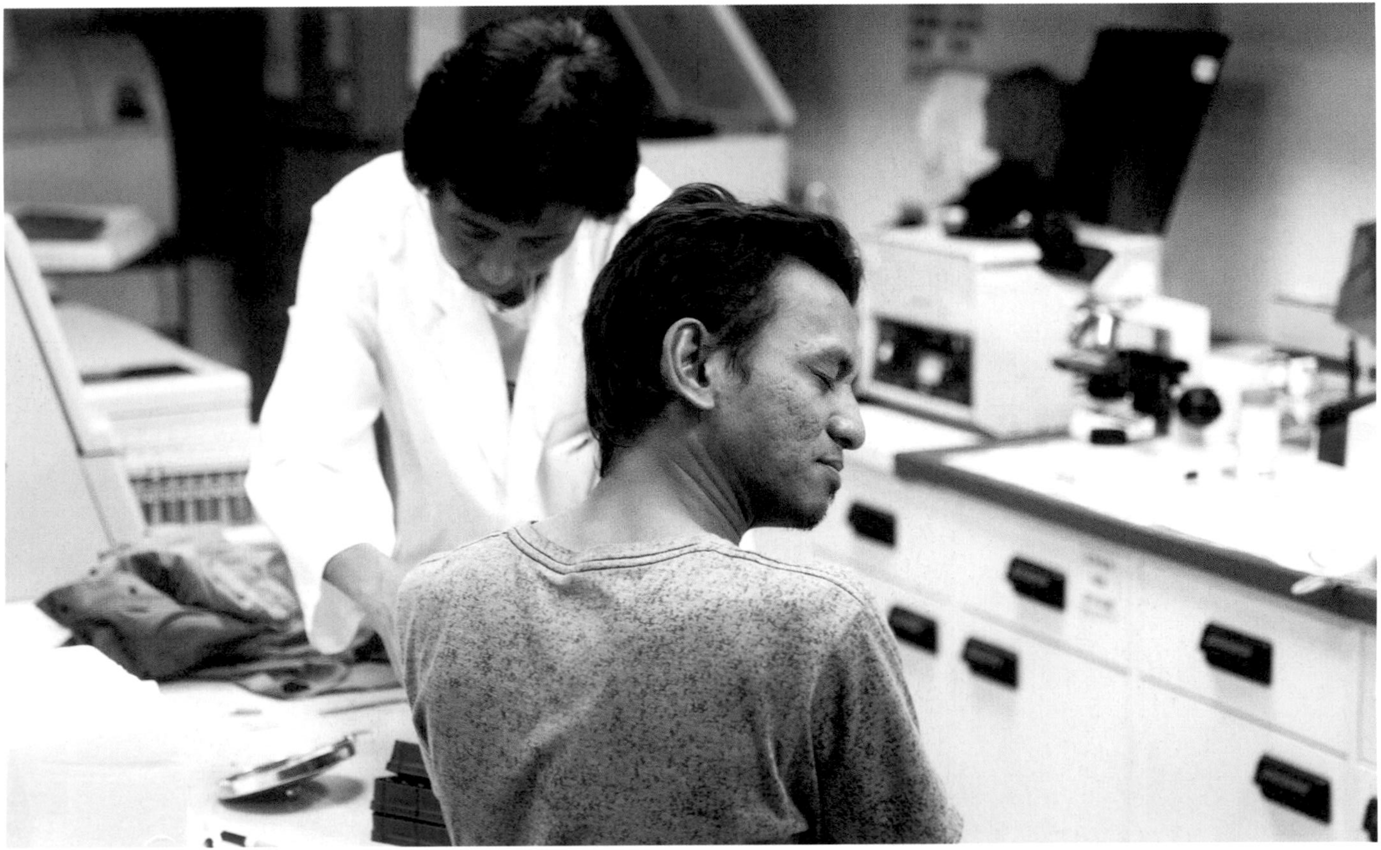

多半漁工事前都不知道要抽血檢驗，看到針頭都非常害怕。

抽血的檢驗結果需要等待三十分鐘。這是來到台灣後，他們第一次能夠稍微放鬆，在戶外短暫呼吸新鮮空氣。

漁工從二十歲到四十歲都有。這一批最年輕的剛滿二十歲，他們不一定認識，彼此沒有太多的交談，只是靜靜地抽著菸。

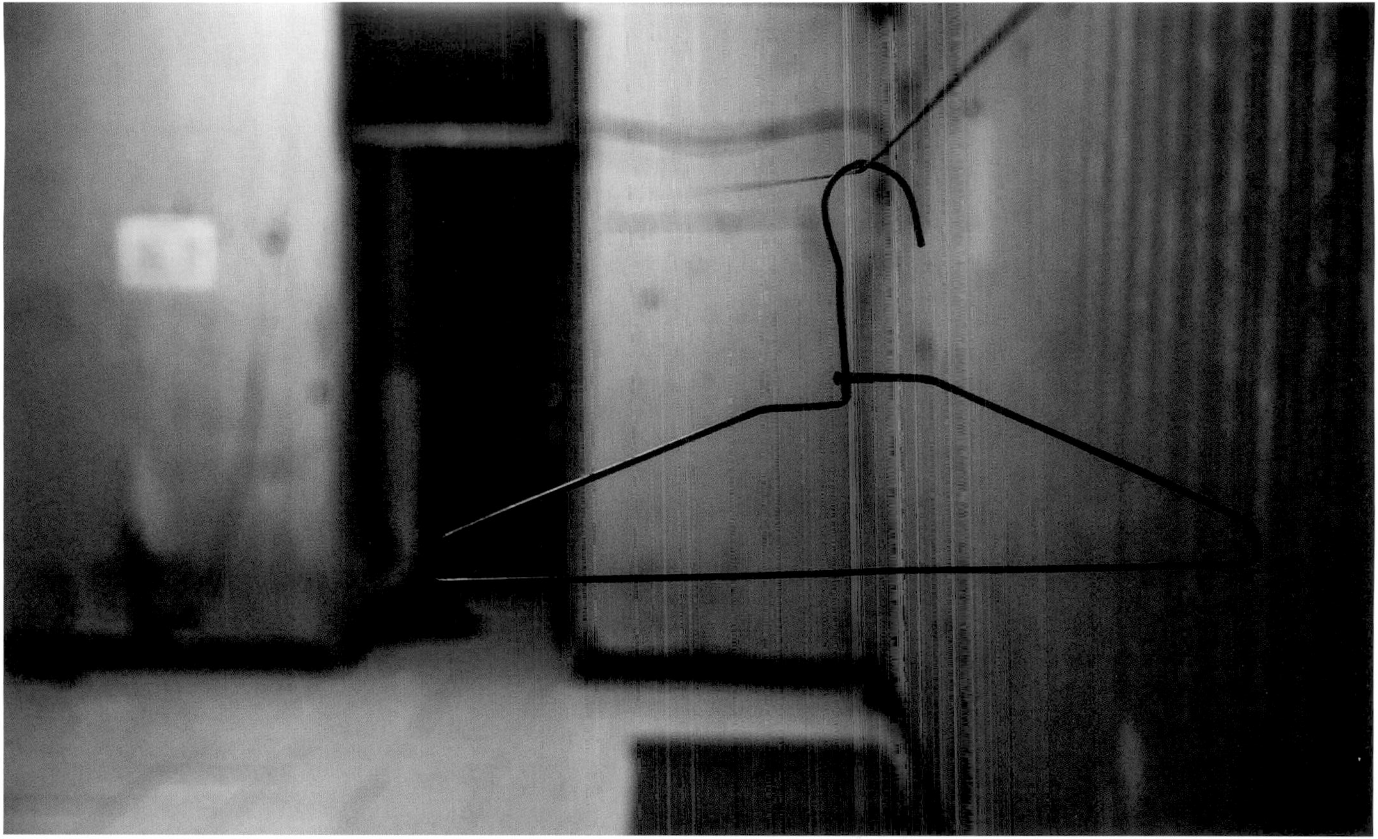

以往漁工身體檢查後，仲介會先載他們到岸置所，統一管理。為了防止他們逃跑，四處都是門鎖。

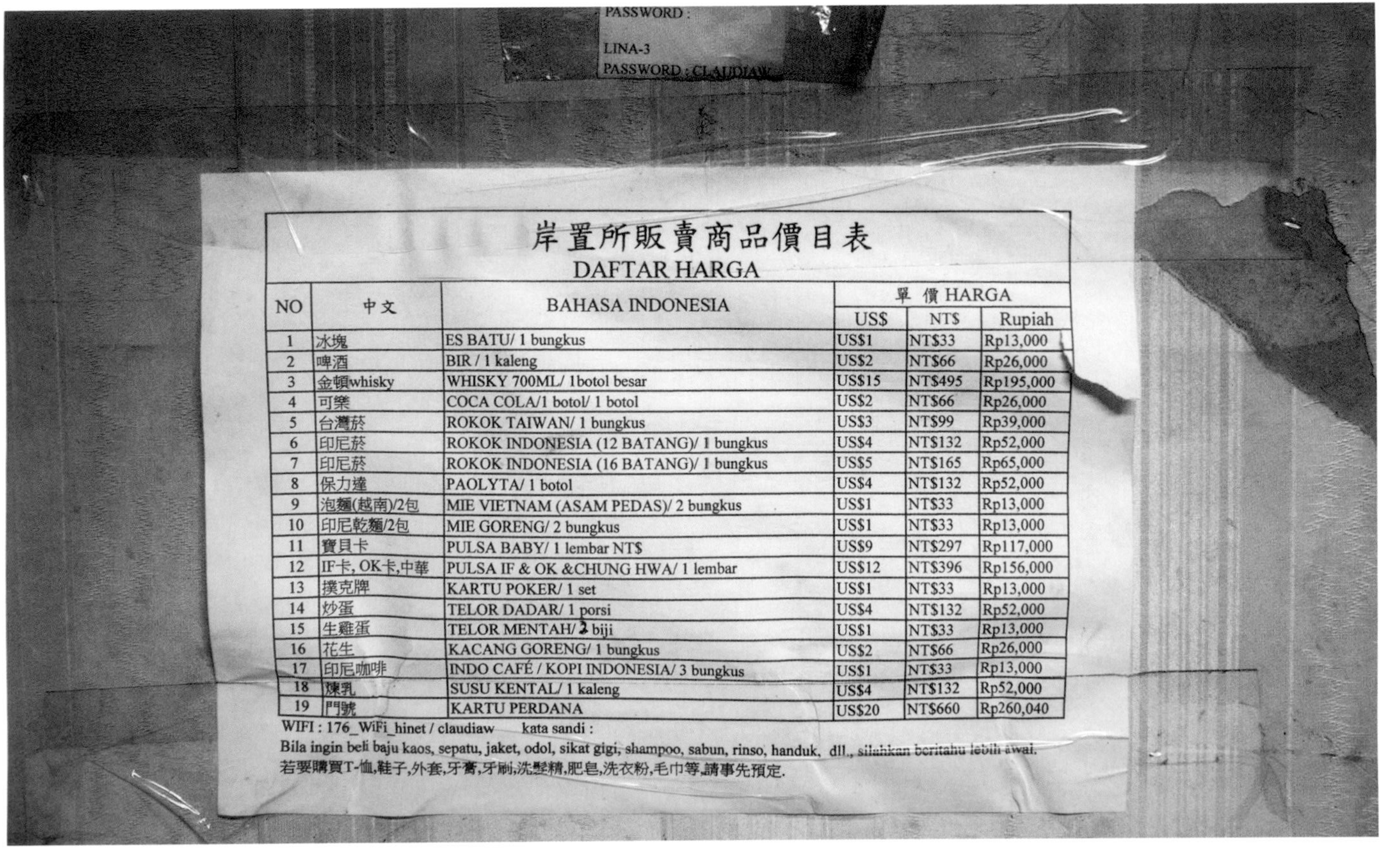
PASSWORD :
LINA-3
PASSWORD : CLAUDIAW
岸置所販賣商品價目表
DAFTAR HARGA
NO
中文
BAHASA INDONESIA
單價 HARGA
US$
NT$
Rupiah
1 冰塊 ES BATU/ 1 bungkus US$1 NT$33 Rp13,000
2 啤酒 BIR / 1 kaleng US$2 NT$66 Rp26,000
3 金頓whisky WHISKY 700ML/ 1botol besar US$15 NT$495 Rp195,000
4 可樂 COCA COLA/1 botol/ 1 botol US$2 NT$66 Rp26,000
5 台灣菸 ROKOK TAIWAN/ 1 bungkus US$3 NT$99 Rp39,000
6 印尼菸 ROKOK INDONESIA (12 BATANG)/ 1 bungkus US$4 NT$132 Rp52,000
7 印尼菸 ROKOK INDONESIA (16 BATANG)/ 1 bungkus US$5 NT$165 Rp65,000
8 保力達 PAOLYTA/ 1 botol US$4 NT$132 Rp52,000
9 泡麵(越南)/2包 MIE VIETNAM (ASAM PEDAS)/ 2 bungkus US$1 NT$33 Rp13,000
10 印尼乾麵/2包 MIE GORENG/ 2 bungkus US$1 NT$33 Rp13,000
11 寶貝卡 PULSA BABY/ 1 lembar NT$ US$9 NT$297 Rp117,000
12 IF卡, OK卡,中華 PULSA IF & OK &CHUNG HWA/ 1 lembar US$12 NT$396 Rp156,000
13 撲克牌 KARTU POKER/ 1 set US$1 NT$33 Rp13,000
14 炒蛋 TELOR DADAR/ 1 porsi US$4 NT$132 Rp52,000
15 生雞蛋 TELOR MENTAH/ 2 biji US$1 NT$33 Rp13,000
16 花生 KACANG GORENG/ 1 bungkus US$2 NT$66 Rp26,000
17 印尼咖啡 INDO CAFÉ / KOPI INDONESIA/ 3 bungkus US$1 NT$33 Rp13,000
18 煉乳 SUSU KENTAL/ 1 kaleng US$4 NT$132 Rp52,000
19 門號 KARTU PERDANA US$20 NT$660 Rp260,040
WIFI : 176_WiFi_hinet / claudiaw kata sandi :
Bila ingin beli baju kaos, sepatu, jaket, odol, sikat gigi, shampoo, sabun, rinso, handuk, dll., silahkan beritahu lebih awal.
若要購買T-恤,鞋子,外套,牙膏,牙刷,洗髮精,肥皂,洗衣粉,毛巾等,請事先預定.

在岸置所裡，所有民生用品都要另外付費。冰塊三十三元、可樂六十六元、炒蛋一份一百三十二元。

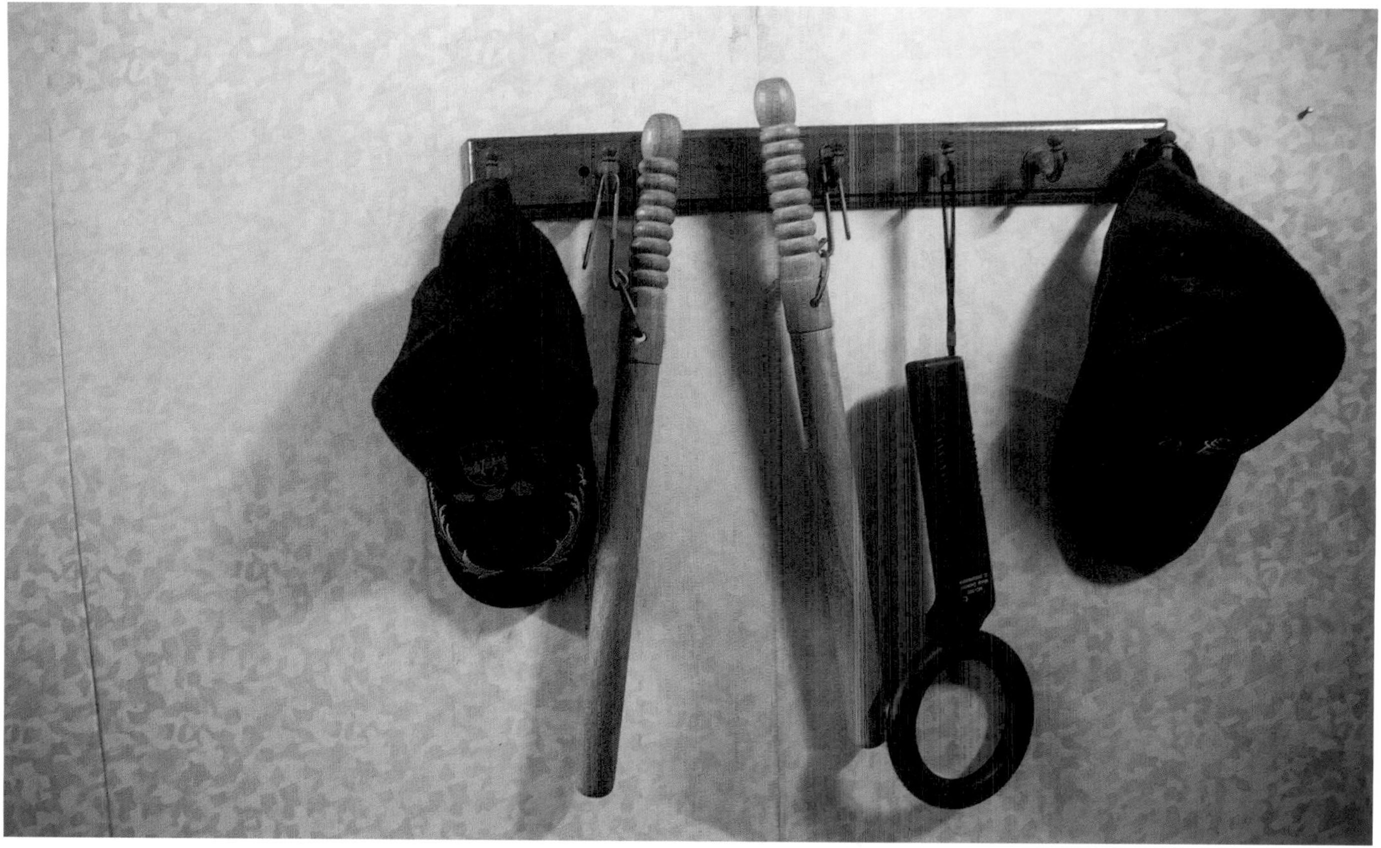

二〇一六年高雄地檢署以人口販運與妨礙人身自由，勒令所有岸置所停業。

如今，漁工到台灣，不再進岸置所，而是被直接送往未來工作的船。這批漁工當晚就住在前鎮的漁船上，待上七至十天。

這些漁工大部分時間都待在船上角落滑手機、發呆。晚上也睡在船上，順便幫船東顧船。

白天，船長會吩咐漁工整理漁網、替漁船刷油漆；船東也趁機訓練新手，為出航做準備。漁工偶爾利用閒暇時間，到岸上補充生活用品，到公廁沖洗，就又回到漁船上。

漁工入境台灣短暫停留後，隨即就出海面對兩年到三年未知的挑戰。這中間他們可能都在海上，或偶爾靠岸他國港口。

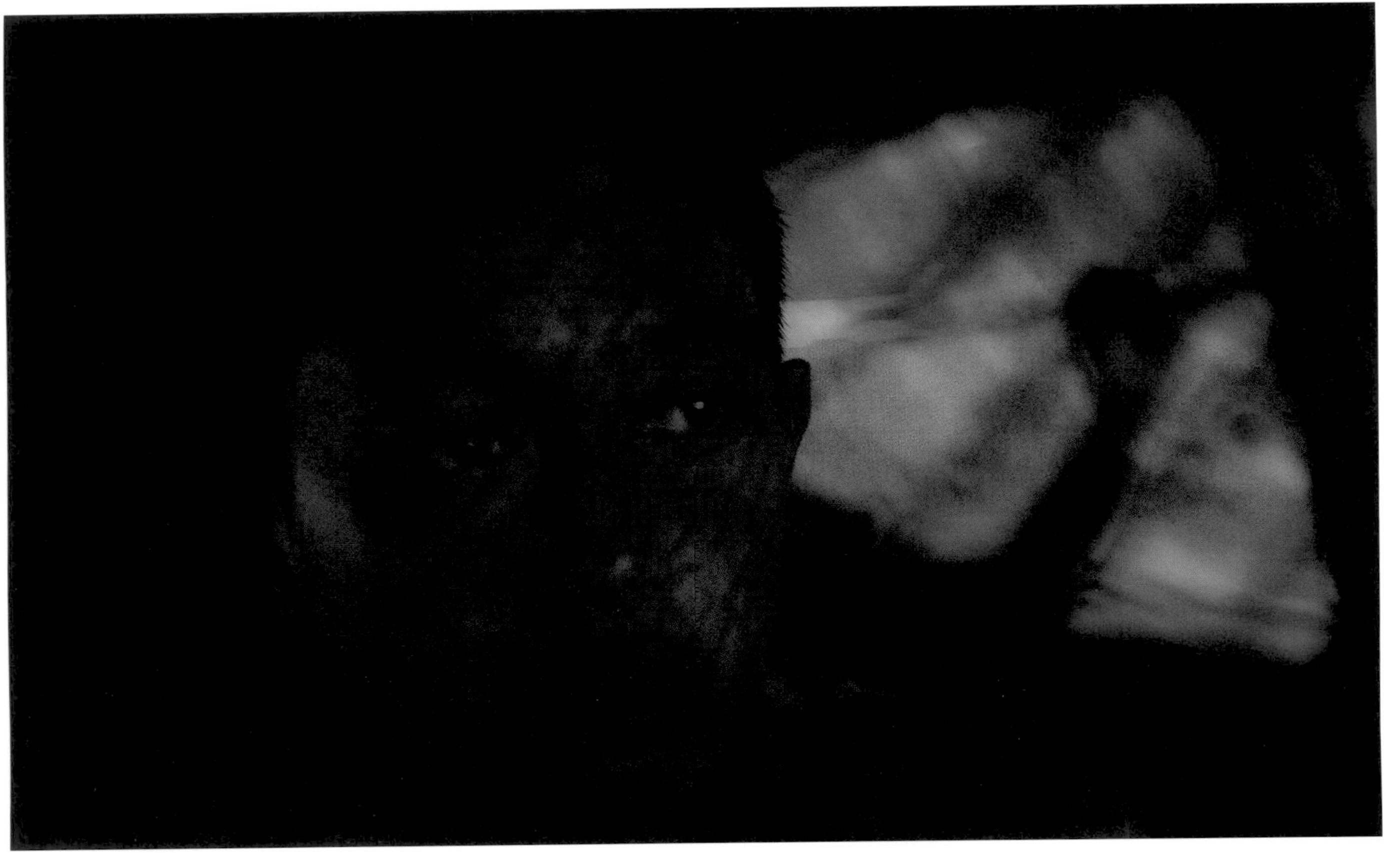

出了海，就是隔絕又險峻的世界。即便有可能回不了家，外籍漁工們還是前仆後繼地登上台灣漁船。

這裡是印尼中爪哇直葛市裡，靠海的小漁村，村子裡有五、六千人。

這裡的男性，從小就跟著兄長父親出海捕魚，他們比其他印尼人更能適應海上生活。

有些男人選擇上遠洋漁船。到直葛市任一家仲介所，都能看到上百本印尼護照，男人們正準備申請到台灣工作。

仲介牛頭時常會到村裡尋找適當人選，編織許多到台灣遠洋漁業賺錢翻身的願景，並從中抽取大量佣金。

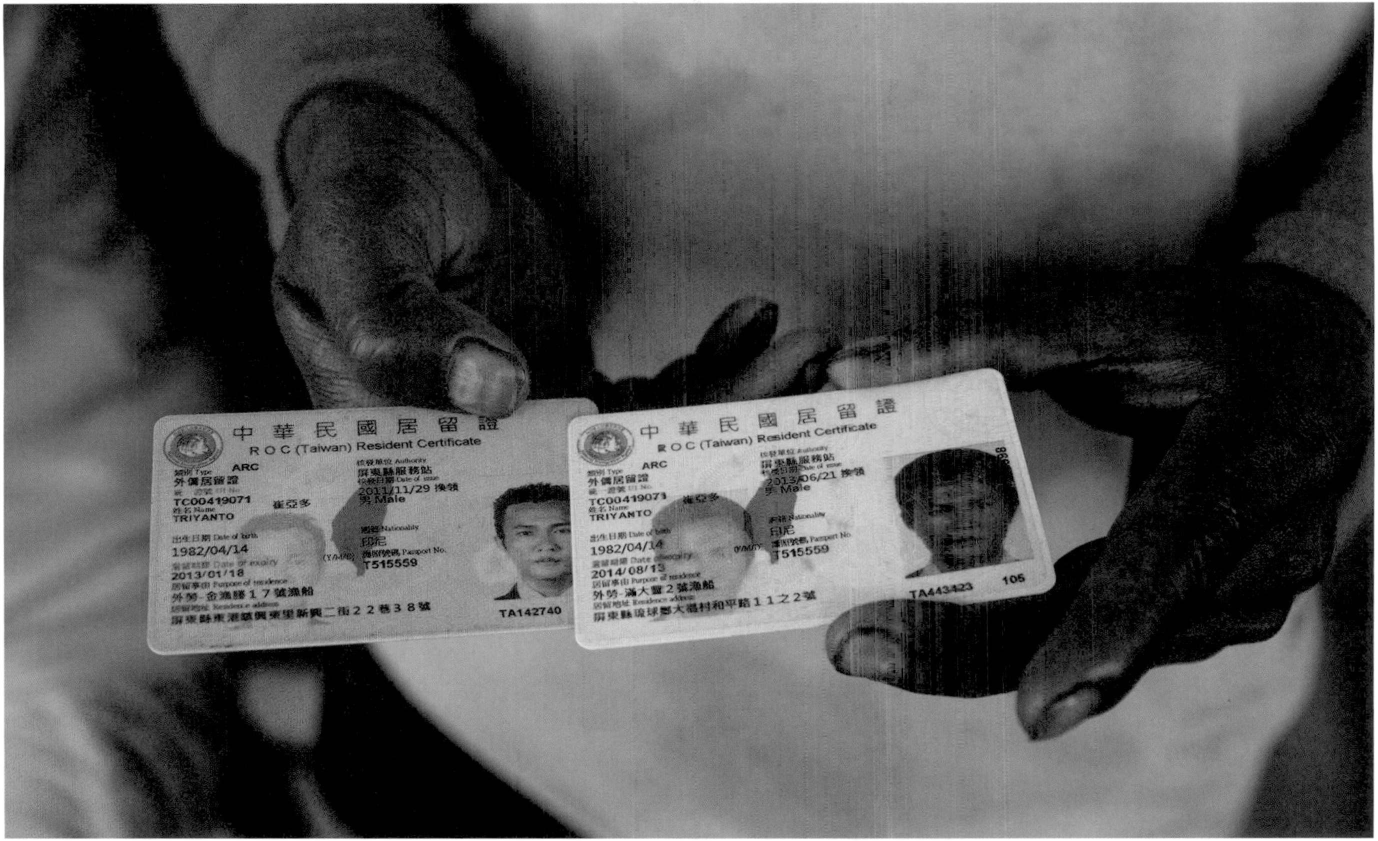

村子中八成的男人，都曾經在台灣遠洋漁船上工作。

村裡四處都是曬滿魚乾的棚架，這是漁村裡女性主要的工作。

村民吃得很簡單，就是一碗白飯配上一隻螃蟹。

衣架上顏色繽紛，只有小孩和女人的衣服，缺席的總是男人。

村裡有許多正在修繕的房屋，男人用遠洋上辛苦賺的錢，來給家庭更好生活。

有的男人能用勞力換回一棟鋪滿磁磚的新房。但並不是每一戶都如此幸運。

這是 Visa 的家，磁磚只鋪了一半，二〇一三年他因為特宏興案被判刑，從此回不了家。

Visa 家中頓時少了主要經濟來源，母親緊抱著 Visa 唯一的照片。

家中掛滿缺席男人們的照片，那是家人對兒子、父親、兄長滿滿的思念。

有不少男人們出海遇劫，從此再也沒有回到他們的家。

不論出海結局如何，漁村裡的小孩，以後都很有可能為台灣人工作捕魚。

他們寧願抵上自由與不確定的命運，奮力一搏，只為了改變生活。

海上王國

5

福爾摩沙的隱形艦隊

「我們小時候吃的魷魚羹，都是韓國魷魚、日本魷魚啊！……到現在是魷魚內銷後超過太多，一定要外銷。」

「以前外匯管制的時候，秋刀魚都專案進口，擺在免稅倉庫裡面，只有漁船出去的時候，才能領一些出來當釣餌。以前有個笑話，警總漁事工作小組的主任跑去問漁民，最近紅蚯蚓怎麼樣啊？漁民被問得莫名其妙，原來他以為釣魚都用紅蚯蚓。漁民跟他說，我要釣的黑鮪，是上百公斤的魚啊，那要用魷魚、秋刀魚或鯖魚去釣的！」

談起台灣遠洋漁業，熟知漁業史的漁業署前署長、對外漁協前董事長沙志一說了上面兩段故事，道出台灣如何從遠洋小國成長到今日的遠洋大國。根據聯合國糧食及農業組織（FAO）最新的漁產量統計指出，台灣的魷魚產量排名全球第三，秋刀魚則是世界冠軍。和過去只能進口的情景，已不可同日而語。

除了魷魚、秋刀魚，台灣還是全球排名第四的撈鮪「大咖」。鮪漁業發展更悠久，光是鮪撈就同時擁有圍捕鰹魚、鮪魚，專製成鮪魚罐的大型「圍網漁船」[1]，以及專釣大型鮪魚來製成生魚片的「鮪延繩釣船」[2]。

僅占全球人口總數百分之〇點三六的台灣，卻擁有全球最多遠洋漁船，船數達一千五百多艘，在海上可是聞名的「大尾」。從要派小船拉網圍魚的圍網船、一舉下兩、三千支魚鉤進入深海的延繩釣船，到用集魚燈誘騙魷魚及秋刀魚上門的「魷釣暨

1 圍網船主要在中西太平洋漁場作業，台灣在該漁場擁有最多船隊。而台灣每年所撈的鮪魚，推估可製造約八億個鮪魚罐，可繞地球一圈半。

2 台灣延繩釣在三大漁場的總漁獲量，遠高出第二名的日本兩倍以上。

秋刀魚棒受網船」[3]，船種、漁法多元也是世界少見。

然而這超群的撈捕戰力並非偶然，而是過去獎勵取向的產業政策、不足的漁業管理及台灣人拚搏冒險的性格，交互而成。

海上不休息的工廠

「台灣遠洋漁船在世界上有競爭力是因為，我們是最早一個國家讓漁船在海上成為『不休息的工廠』，所有人員交換、食物來源、用油，以及所有抓的、要賣的魚，全部都有後勤支援機制。」沙志一說。像是魷釣與秋刀魚漁船，都可在漁場作業整整半年，不必進港口補給。

台灣遠洋漁業雖始於日治時期，但國民政府遷台後，成為重點發展產業。

「遷台時，發展遠洋漁業是個特別的決定，」沙志一解釋，當時三海浬以外就是公海（現行則是兩百海浬），捕魚自由，國際的需求也高，漁業就成了賺外匯的工具。約一九五〇年代起，政府便有一連串獎勵機制，包括利用美援、世銀、亞銀的貸款獎勵建造漁船，再加上用油補貼、獎勵免稅，降低初始門檻。「換句話說，你要進入這個產業沒那麼複雜，只要有錢，有技術、有人，且（政策）願意鼓勵，就可以去了。」

那時全球船少，資源尚未枯竭，台灣的發展未受阻礙，漁船越建越大。但當國際

3　「魷釣暨秋刀魚棒受網船」指的是上半年捕魷魚，下半年換漁具捕秋刀魚的漁船。

間發現漁業獲利豐厚時，產業局勢便出現變化。

一九八二年通過的《聯合國海洋法公約》，規定各國可擁有兩百海浬的專屬經濟海域，原本的撈捕戰場突然納進了各國勢力範圍，台灣漁船被逼出經濟海域，只能與沿岸國談漁業合作，或轉往公海求生存。

厲害的是，台灣船隊在公海上確實找著了魚，並逐年開拓新漁場。適用公海的漁法及船種也更自由發展，台灣專捕赤魷和長鰭鮪的流網漁法快速崛起，並在一九八八年達到船數高峰。船隻大型化與漁業自由化，卻也讓台灣被世界盯上。

流網是一種長帶型的魚牆，網具一入海，就綿延四、五十公里，往往擋住魚道，還會「順道捕獲」洄游中的鮭魚、鱒魚，甚至連海豚、海龜等無辜的海洋生物也被捲入，被稱為「死亡之牆」。生態的破壞和被攔截走的漁獲，引起美國、加拿大等魚源國不滿。

美國當時祭出經濟制裁，和台灣談判十多次，並簽下台美公海流網漁業協定，要求台灣船不准在公海捕鮭魚，就算鮭魚死在網上，也得海拋，但台灣仍不斷違規。諸多爭議使得後來聯合國通過多項決議，逼全球流網劃下句點。

沙志一曾說，那次公海流網的衝擊就像當頭棒喝，提醒了世界「台灣的存在」。

一九九五：無法忽視的「捕魚實體」

直到一九九〇年代開始，全球漸漸注意到，公海並非取之不盡，而台灣船隊已大得太過猖狂，必須管理。至此，台灣遠洋漁業不再自由，就像讓全球頭痛的野孩子，要被逼著進學校了。

為了管制台灣，國際間硬創了新詞。「一九九五年聯合國跨界魚種公約裡，特別創造『捕魚實體』這個詞，fishing entity，最後發現只有台灣適用。這是中性名詞，為了台灣創的。因為中國大陸不同意有主權身分的人參加這種國際組織，可是全世界都說，台灣不納進來的話，管不了！台灣船隊太大、太厲害了。人家要上百年才發展出來的產業，台灣是幾十年就有那麼大的規模。」沙志一說。

這是遠洋漁業被迫接受管束的開端，也使台灣漁政單位必須發展管理的工具與方法。公海巡護或是隨船觀察員的制度，由此而起。

然而流網漁業雖消失了，其他漁法依舊戰力十足。

約到了二〇〇〇年前後，全球海洋生產量達九千萬公噸後停滯。為了世世代代還有魚吃，不讓特定強國吃乾抹淨，國際間出現各式區域漁業管理組織（Regional Fisheries Management Organizations, RFMOs），專門評估各區漁業資源，並分配各國的撈捕配額，不得超捕。

於是就這麼大塊的魚餅，挑起了分食的戰爭。

二〇〇五：洗魚與滅船

台灣船隊除了讓全球創造出「捕魚實體」這個新名詞，也讓日本新造了「洗魚（laundering）」一詞，指的是漁船之間漁獲互轉，讓非法漁獲合法化，或者讓超捕的漁獲不被發現違法出售。而台灣早期對船隊管制並不嚴格，成為嚴重的管理漏洞。

這些船在海上偷偷轉載鮪魚到不同船上，或把某洋區的漁獲送至其他洋區販售，維持台灣漁船沒有超捕的「表面和平」。只不過狸貓換太子，終究是被抓包了。曾因台灣強大的捕撈而備感威脅的日本，在二〇〇四年的大西洋鮪類保育委員會（ICCAT）年會上，譴責台灣超捕鮪魚，同時洗魚、偽造漁撈資料。

由於罪證確鑿，ICCAT 最後大砍台灣在大西洋區的鮪魚配額，配額量從一萬六千五百公噸砍到剩四千六百公噸，並要求台灣自行減船。當時政府與業者只能各自出資合作滅船。兩年內，一百八十三艘鮪釣船在高雄被拆解成無形，占了原有漁船的三成，造成六十億元損失。

這嚇壞了整個產業，漁業署副署長黃鴻燕說：「那次是全面加強管理，我們發現這樣不行，動不動就被制裁！……從那時候開始管非常嚴，大家開始嚇到。」為拯救未來大西洋的鮪魚配額，漁業署被逼出更多管理工具如漁船監控系統、港口採樣檢查等。

然而一百噸以上的大船少了，近十年來則是小於一百噸的小型延繩釣漁船崛起。這些小船機動性很高，台灣目前約有七至八百艘。熟知業界情況的人士指出，台灣小釣船，即便船上才兩個人，也能開兩個多月從台灣到舊金山，最後再開回台灣。這些機動性高、拚搏性格不輸大船的小釣船，在海上為數眾多又不易管理，終究暴露台灣漁政管理的不足，也招致台灣遠洋漁業第三次重大的威脅：歐盟黃牌。

二〇一五：歐盟黃牌

二〇一五年十月，全球前三大水產市場歐盟對台灣舉了警告黃牌，指責台灣漁船經常非法漁撈、違規，且認定漁政單位執法不力，不僅漁業法規架構不足，裁罰也過輕，違規案件層出不窮。若台灣未限期改善，黃牌一旦轉成紅牌，所有水產就不得輸入歐盟，連帶損失將高達七十億元。

海洋大學海洋事務與資源管理研究所所長黃向文曾於《農訓雜誌》上撰文分析，台灣這個遠洋漁業年產值達四百三十八億元的國家，竟是在收到歐盟黃牌後，才發現自己毫無管理遠洋漁業的專法。除了對所有漁船在海外銷售的漁產品沒有監督能力，在三大洋的各種重大違規，政府也未有相稱的處分。

而國際組織所查獲的非法漁撈及違規紀錄，一部分來自台灣特有且特多的小釣漁船。

黃鴻燕解釋，小釣船本來沒有做經濟價值高的超低溫生魚片處理，但後來開疆闢土，發現做生鮮價格好，不少船紛紛改裝冷凍庫，而成了鮪漁業的新戰力。

這些小釣船船小，通常船東也兼做船長，在海上拚的是全年的家計。他們多半時間在海上作業，不易聯繫，相較於公司化的大船，比較容易違規，加上船數多到漁業署管理不易，儘管違規的船占總船數比例並不高，但國際紀錄上東一筆、西一筆，還是成為歐盟盯上台灣的理由。

為因應這次危機，漁業署火速修訂「遠洋漁業三法」，新法管更多、罰更重，最高能罰到四千五百萬元，不論大船小船皆叫苦連天。但黃牌是否能安全轉成綠牌，確實是台灣遠洋漁業存續關鍵。

只不過業界裡，仍互有算計，整個遠洋漁業該如何發展，不但沒共識，也看不出漁政單位的前瞻想像。

尤其對漁業署而言，這每年帶來四百多億產值的產業，已大到不能倒。祖先打下來的撈捕實績和配額，不捨放棄，只能努力守住「漁業大國」稱號。黃鴻燕說：「台灣已發展到世界非注意你不可了，因為廣義解釋，我們是公海全球最大的船隊。……而且台灣抓那麼多，自己吃不了，量太大了，都賣國外。你還是得賣魚啊！不然是廢漁啊。」

台灣船隊的狂，某種程度上已是產業的魔咒。一位漁政大老曾告訴我們，若可重來，台灣這樣的市場小國、加上劣勢的外交環境，或許根本就不該長出這麼強大的遠洋漁業。

過去用產量創造出的不敗產業，已需要全新思維，跟上世界改變的步伐，面對來勢洶洶的考驗。

文／鄭涵文

共同採訪／李雪莉、蔣宜婷

6

遠洋「臥底」的一雙眼

二〇一五年九月，靠近秘魯的太平洋上，一艘掛著萬那杜國旗但由台灣經營的小釣船，在轉運鮪魚時，發生了一件離奇的失蹤案。美籍漁業觀察員戴維斯（Keith Granger Davis），在卸完漁獲準備簽名放行前，意外落海。四十一歲的戴維斯是觀察員中知名的環保倡議者，有十六年豐富的觀察經驗，他落海那天，無風無浪。

戴維斯的失蹤，是因擋人財路還是意外落海，迄今真相未明。美國《哈芬頓郵報》（*Huffington Post*）還以「漁業的黑暗面」為題，報導他的案件。

人們開始哀悼並討論，那些被捲入利益漩渦裡的觀察員們。

逐利的赤裸

在台灣，也有一批遠洋漁業觀察員[1]，隨著遠洋漁船出航，日夜觀測與記錄業者的捕撈，是政府派駐在遠洋的眼睛。他們的報告最後會一層層回報到相關政府部門，再匯整到國際漁業組織。這份第一手報告，是國際組織對海洋資源評估的重要依據，也是各國每年捕撈配額的分配基準。

人口占全球百分之〇點三六的台灣，卻擁有全世界最多、超過一千五百艘的遠洋漁船。這個驚人的漁業王國，在別人眼裡卻是「大尾鱸鰻」。國際組織要求台灣落實觀察員制度，於是二〇〇五年，台灣正式推動遠洋漁業觀察員制度，目前有五十四位。

1　聯合國糧食及農業組織（FAO）為了防止人類在海洋上的過度捕撈，自二〇〇一年就宣示打擊非法漁撈。區域性漁業管理組織（RFMOs）進一步對漁撈國加壓，要求派任一定比率觀察員登船，把岸上的監管延伸到幾千公里外的大海。多數觀察員被賦予「科學漁業觀測」的任務，只有極少數是可以舉發、開罰單的「執法觀察員」。觀察員除了在漁船上，有些派在觀察員的工作環境並不好，每趟觀察長達四到五個月，一年出航一到兩回。過去，他們被要求每天要海上觀測十二小時（二〇一四年改為八小時）[2]，若搭的是小釣船，就住在只有六十公分寬、棺材般狹小的臥鋪，經常被臭蟲叮咬，巨浪滾進船艙時，得穿著雨衣睡覺。船邊偶遇鯊魚環繞。

但大自然的惡劣，比不上人性的貪婪。因貪而起的風險，常讓觀察員更接近死亡。在海上，一艘遠洋漁船造價動輒數億，加上滿載的漁獲利益，經常成為海盜與歹徒的目標。有的船長非法配有槍械，也有船務公司提供武裝保全的服務，保全在斯里蘭卡上岸，每位每天六百美元，三人一組，配有一支輕機關槍和兩支AK47衝鋒槍。擔任漁業觀察員七年的林木添（化名）清楚記得一次上船，船長就配給他一把左輪和兩盒子彈，讓他把玩和防身用。

高風險、高利潤，遠洋漁業不是人人玩得起。漁撈情況最好時，一艘圍網船一年可以進帳三億元。一位退役觀察員說：「海上是二十四小時不會停止操作，你（船東）睡覺時，有大量漁工在幫你賺錢，那是比做毒品更好的生意，是會上癮的，就像飛龍在天。」

一出航便長達兩到三年遠離人類社會，與天與海搏鬥，很難維持優雅和文明。無邊際的網、竄逃的魚、強力的鈎、無情的浪，還有甲板上的血色與魚腥，惡劣環境，

運搬船上，他們負責在漁船將漁獲轉運至運搬船時，盤點並簽名，只有獲得他們的簽名，漁獲才能進港口販售。目前世界上已經有超過五十個以上的觀察員計畫。

2 觀察員海上工時原本不受陸上工時規範，但近幾年，有多位觀察員因工傷與工時過長，與漁業署打官司。接二連三的訴訟後，漁業署在二〇一四年三月，縮短觀察員在船上的工作時間到八小時。

讓出海久的人，行為也可能變樣。海上的使命是戰勝自然和魚群，船長與漁撈長的目標是「滿載而歸」。

家族兩代出了五位大型圍網船漁撈長的葉明志，捕了一輩子的魚，他說：「賺少不行，輸人家，人家一年抓一萬噸，你抓五千噸，可以看嗎？……你抓沒有，還要保育？連飯吃都沒有！你抓不好就換人，換人啊……換別的漁撈長。」

拚量的工作倫理主導遠洋漁業的文化。

如果有漁工不小心讓上網的魚逃走，船上的麥克風會放送連聲國罵，幹部一激動，就可能隨手用漱口鋼杯往漁工的頭砸去。甚至，上過船的人常說：「一條大目鮪和一位漁工同時落海，記得去救那條魚。」

一隻百公斤的大目鮪價格台幣好幾萬元，菜鳥外籍漁工的月薪才約一萬元。

孤獨的存在

充滿風險的觀察員工作，起薪四萬六千元，出海加給後，可達六、七萬，曾有媒體用「海上最酷的工作」形容它。

但卻很少人提及，觀察員流動率極高且危險。真正讓他們恐懼、擔憂的，不是海上生活的艱難、體力上的挑戰，而是他們往往是一群不受歡迎的存在。

3 對外漁協的全名為「財團法人中華民國對外漁業合作發展協會」，由政府捐助成立，目的是從事沿海國漁業合作、漁船暨船員在國外遭難或被扣事件的協助，以及遠洋漁業漁獲資料的蒐集、漁船監控系統的規劃。台灣觀察員計畫也由對外漁協建立、招募和訓練。

台灣觀察員主要由「對外漁業合作發展協會」（對外漁協）[3]負責招募和訓練，再由漁業署以約聘僱方式，簽訂一年一聘的契約[4]。官方定位他們是「科學漁業觀察員」，上船主要工作有兩種，一是科學資料的蒐集與記錄，包括在特定洋區捕撈上的魚種與數量、隨著魚群意外混獲上來的海龜或鯨鯊、魚類的生物採樣等；另一個重要工作是監測漁船，包括船名的標示、船位定位等系統的正常運作、船長與船上人員是否遵守捕魚及轉載規定等。

在船上，他們是一群沒有執法權，卻擔負監督工作的觀察者，孤身一人面對與自己利害衝突的船長、語言不通的外籍漁工，也難怪被視為如影隨行的「抓耙仔」。

被視做臥底者的風險，來自目睹海上龐大的非法漁撈利益。

四十多歲的陳文中（化名）一開始，便參與建立台灣的觀察員制度。他受僱於對外漁協，但實際上，工作六年多，都在漁業署前鎮辦公室工作，是觀察員與官方間的橋樑，負責派觀察員上船和回岸。

多次聯繫陳文中未果，直到離職觀察員推薦和轉介後，我們在高雄美麗島捷運站與他碰頭。他個性爽朗，但那些年派出觀察員上船工作時，他總是提心吊膽。

陳文中向我們透露他和船上觀察員的互動細節：「每週一，觀察員都要傳真船位和觀察內容給我，我們有暗號和代碼，會知道他們是不是出了問題。通衛星電話時，

4 漁業署依「臨時人員工作規則」及「漁業觀察員管理要點」兩項規定，聘僱觀察員。高中職以上學歷，經面試與兩到三個月培訓，能取得認證。薪等是三副十級，約四萬六千元薪資起跳。過去是每年出海觀察兩趟，每趟三到四個月，近來修正為平均每年出海一到兩趟，每趟觀察五個月。其餘陸地上時間則支援行政業務、監督卸魚及協助港口檢查等工作。

我要他們別說話，只要回覆我『對或不對』。」

若船上發生違法的事，陳文中總會跟觀察員說「你就當做沒看到，先回去睡覺」。他表示：「沒辦法，我要保護觀察員的安全。因為一落海，船隻只要停在那個經緯度停三天、七十二小時，最後寫個海事報告，船就可以開走，就結案了。我不希望觀察員被推落死掉！」

離職觀察員們表示，負責招募和訓練的對外漁協，會要他們上船前，先到船東或船長那送茶葉、拜碼頭。在觀察員行為準則裡，漁協總耳提面命，上船要以「和睦、融洽為前提」、「需有安全第一的絕對概念」。

一位目前仍在官方機構工作的高階主管，受訪時毫無防備地向我們大談闊論觀察員制度：「這制度人命關天啊。船上其他人都聽船長的，觀察員非我族類啊，船長會認為你是來監視我們的。如果科學觀察員都做不了，執法觀察員更難，可能被海拋！」但之後他意識到我們意在檢視制度的缺漏，來電強烈要求撤下他的訪談內容[5]。

在漁業署訂定的行政命令裡，漁船得接受觀察員登船觀察，一旦拒絕會被裁罰。但一位在漁業署工作的資深員工透露，原本觀察員應隨機抽樣、登船，達到真正中立的觀察，但運作上，仍得拜託船公司配合，才能上船；而且從沒有任何船東因拒絕觀察員，被政府開罰過。

5　多次協商，最後這位高階主管要求，只要不具名，不在他個人的訪談裡提及這個工作單位，即可引用。

少了公權力的強力後援，觀察員成了海上最尷尬而孤獨的存在。靜靜凝視與觀察的他們，又見證了哪些漁業的不法利益與荒謬失序？

視而不見的濫捕

西非象牙海岸南方，六百噸的台灣漁船正在附近的大西洋海域航行，出海兩個月，漁獲量出乎意料豐厚。這晚月光引路，忙了一天的漁工開始晚餐，這餐吃的不再是冷凍食品，船長下令把捕上的鯊魚製成魚翅火鍋，佐著豐盛酒水。

「有這麼好康？」搭上這艘船的觀察員王增辛（化名）嗅出不尋常。熱鬧間船長對他敬了酒，強烈暗示著：「今晚別再觀察，早點去睡了吧！」王增辛識時務地折回船艙，躺進狹窄的臥鋪，決定暫時把良心鎖上。但他無法入眠，因為沒多久，他便感覺船外的動靜，船隻慢慢迫近，船側的碰墊撞擊磨擦，同時響起機器起網的嘎嘎聲和漁工雨鞋的踩踏聲。

憶起那一夜，王增辛說：「我知道他們又在『洗魚』了！」

海上的「洗魚」和陸地上的「洗錢」概念相似，指的是這批魚由誰、在何地、用何種方式捕撈，無從得知。在海撈的世界裡，受監管的漁船才有漁撈權，有產地證明的漁獲才能進港販售，每一道程序都要白紙黑字，向台灣政府或沿岸國提出申請。但眼前這批未報備的漁獲即將「洗」去另一艘船，出售獲利，並進到消費者的肚子裡。

洗魚的現象，代表著龐大的漁撈黑數。這些在檯面下的不法漁撈行為，正是海洋資源枯竭、生態瀕危的主要因素。

為了確切掌握漁撈的實況，隨船的觀察員得填寫船隻在洋區內的位置、捕魚方式、漁撈數量，記錄各類魚種以及保育類鯨鯊等，完成漁撈日誌。

但問題就出在漁撈日誌的真實性。

看著台灣漁船公然違法、船長對官方觀察員毫不忌憚，王增辛雖挫折但不意外。他在上船觀測第二年就遇到船隻違法洗魚。問他為何不勸阻或回報，他搖頭嘆氣說：「我們回報的資料不是被（漁業署）竄改，就是被鎖起來。」

例如，超過捕撈配額後船隻是否不再撈捕？撈上來的若不是該船隻的目標魚種，是否按規定拋回海中並填表回報？撈上的保育類魚種是否妥善處理？

觀察員告訴我們，船長很少拋棄「過撈」或「誤撈」上來的漁獲，「一條九十公斤的大目鮪大概是一台摩托車的價格，怎麼捨得丟掉？」

少數漁船將過撈漁獲非法轉載至其他船上，船隻數量多的船東則會調度船隊彼此載貨；也有轉載中國船上的漁獲到台灣船上，當做自己捕撈的漁獲。這些被視為違規的行為，在茫茫大海裡，太多方法可以規避。

由於觀察員沒有執法身分，船長敢於一意孤行。常見的做法是船長安排船隻會船，相會時，關掉漁船定位器，讓漁業署暫時偵測不到，或謊報定位器故障。非法轉載速度快，一個網撈上來是兩、三噸，一小時內就搬得完。

事實上，有時連人在岸上的船東，都無法掌握船長的海上行為。一位轉任潛水員的前任觀察員王惠育（化名）指出，「每個船長有自己的私密帳冊（私房錢）。他們回報船東的是一套，回報漁業署又是一套。我就遇過船長釣到單價高的馬加鯊，釣了五條，只回報船東一條，其他四條就透過會船，這邊交魚，那一邊用竹竿把裝著錢的牛皮紙袋遞過來。」

除了過撈，遠洋漁船常見的違法，還包括對混獲上來的海龜或保育類鯨鯊的非法處置。

二〇一二年，台灣為了響應全球對鯊魚的保育，率先推出「鰭身不分離」政策，要求鯊魚「鰭」與「身」的重量比例不得大於百分之五，而且在二〇一三年七月正式開罰，一旦鰭身分離，會收回或撤銷漁業執照。但多數卸任觀察員說，此政策難以落實，因為部分船長或漁撈長的保育觀念不足，加上鯊魚鰭的價值遠高於鯊魚肉，魚肉太占空間，船員通常割鰭棄身，留下魚翅。

王惠育曾在中西太平洋執行過鯊魚保育計畫，根據他的經驗，魚艙最上頭擺著幾條鰭身不分離的鯊魚，進港後，由岸上檢查員照張相後便收工走人，但大家沒注意到艙裡藏了許多被割下的鯊魚鰭。在海上岸上都無法監管惡意捕撈，讓熱愛海洋的王惠育說：「我上去兩年，覺得很失望，覺得沒什麼正義感，就決定離開了。」

沉默或挺身

目睹非法轉載、對永續漁撈的破壞，勢單力薄的觀察員會有幾種回應方式。有的正義感十足，寫報告上呈對外漁協和漁業署，希望公權力介入。

一位有七年半資歷的前任觀察員，還留著他之前的工作報告，上頭寫著：船長對我態度非常冷漠，並限制我，除非傳送漁獲報告外，不得登上駕駛台，不得使用電話，每週僅准許用傳真機一次……本航次混獲偽虎鯨一尾，船長竟完全無視我在場，當場宰殺，只為拔取偽虎鯨牙齒。我跟船長溝通困難故只得拍照紀錄，無力勸阻……。

他也曾在太平洋赤道上下五度的大目鮪漁區，漁船一天抓上五十隻的欖蠵龜，就是電影《海底總動員》裡的那種。他說回報後，署裡不理不睬，上頭的管理者還說：「你這樣我們很難做，你把海龜資料報給我，我也不敢拿到國際上，會被罵死。」一向上級舉發多次，卻無疾而終，這位經驗豐富的觀察員憤而離去，轉赴國際組織擔任觀察員。

另一群觀察員為了生存，雖不必然同流合汙，卻適時妥協。

一位目前在港口工作的前任觀察員說，「他們（船長）本來很多在做假資料的，我們一上來，做假就有困難嘛，這完全違背他的生存之道。所以我上船時會直白地告訴船長，『你想做任何事都 ok，但也要讓我做事，至少讓我拍照、取樣，演完戲大家各自卸妝。』」

偶爾，觀察員也會遇到良心守法的船長。不久前，在大西洋的南非開普敦附近海域，就出現船長不滿船主遠端搖控，要求非法轉運；船長轉而向港口機關所在國告密，最後漁船和轉運船被扣被處罰，受到制裁。

海洋巡防總局第五海巡隊分隊長曹宏維告訴我們，目前海巡署與漁業署每年共同執行三次「遠洋漁業巡護」，他們透過巡護船登檢，查察違規。但就像是警察抓違規攤販，曹宏維說，你追他跑，陸上都不一定能抓到，海上現行犯更難抓，再加上蒐證難，進到法院成案的例子更少。他認為：「漁船上應該要派觀察員一艘一艘監督，否則是大海撈針。」

其實歐盟早在二〇一二年開始，就連續三年追蹤台灣，他們發現台灣並未盡到打擊非法漁撈（IUU）的責任。於是在二〇一五年十月對台祭出黃牌警告，要求加強監管，其中一項是落實觀察員監理。

為了強化監管機制，立法院在二〇一六年中修正通過「遠洋漁業三法」[6]，加大規範與罰責。光是觀察員計畫，漁業署要在未來半年內從原有的五十四位增為一百三十位，涵蓋率達漁船數的百分之五以上。每年將花上一億三千萬元。

放港與頂票

現制已運作十年以上，但卸任觀察員以幾乎控訴的方式，向《報導者》揭開遠洋亂象。他們不僅目睹漁獲數字偷天換日，連登船工作者的身分，也嚴重造假。

依漁業署《漁船船員管理規則》，遠洋漁船上的船長職務必須由台灣人擔任，且輪機長、船副等幹部的外國籍比例，不得超過二分之一。但現況並沒依法令在走。

實務的運作是這樣：漁船從前鎮開出，由持有船長等幹部船員執業證書的人上船，經過海關檢驗出港後，船開至小琉球或新加坡，船長、輪機長被「放港」，再由中國、韓國等其他國籍者上船更換。業界稱這個做法為「頂票」，一個人頭的行情約五千元。

頂票是整個漁業界都在操作的事。一位在前鎮擁有多艘鮪延繩釣船的船東告訴我們，他十艘船的船長中，只有兩位是台灣人。

面對人才聘僱未依法規走，漁業署副署長黃鴻燕的回覆是：「法令規定船長一定要是台灣人，目的是希望要傳承，希望台灣漁業至少還是台灣人在指揮。外面有傳說

6　新增《遠洋漁業條例》、《投資經營非我國籍漁船管理條例》修正草案，及《漁業法》部分條文修正等三項法案。

（找外國人）……有可能，但這個被查到是要被處分。」

但離職觀察員說，即便他們目睹冒名頂替的幹部名單，並主動回報，漁業署也很少查明。

除了觀察員制度，漁業署其實握有不少監理工具杜絕違法，卻無法落實。

以漁業署投資高額經費設立的漁船定位系統（VMS，Vessel Monitoring System）為例，每一天，漁業署的台北與前鎮兩個辦公室，有超過十位替代役男及數位全職員工，透過該系統來監控台灣一千多艘出海漁船的船位，確保漁船不在禁漁區、未違規進入他國經濟海域捕撈、沒有違法會船等等行為。

台灣漁船每四到六小時，要回報衛星定位訊號給對外漁協，但弔詭的是，漁業署未選擇即時監控，而是隔天才監看漁協提供的船位報表，追蹤可疑船跡。

副署長黃鴻燕說：「船位定位系統的訊號是即時的，同仁要看，隨時看得到，還可以看到過去幾天的船跡，發出警告。」

但知情人士告知，漁業署並非即時監管，多半是「監控前一天漁船位置」。他說，漁業署不像警政與海巡體系有二十四小時的輪值人員，即時監看需要經費，緊急與船長通話的衛星電話，一分鐘得花費上百元。他也指出，歐盟對台發出黃牌後，曾派專人赴台，當歐盟得知監看實情時，曾質疑監管的緩慢，而要求立即改善。

那麼發現船隻異常作業，漁業署怎麼處理？

遠洋漁業管理科助理楊克誠表示，一旦他們發現疑似違規的船隻，會先以平信發函給船東，請船東要求船長駛離該水域；船東必須在文到三日內至漁業署說明，若未執行，漁業署會再發雙掛號信催促。

但從《報導者》拿到二〇一六年的一份公文顯示，漁業署的監管顯得拖延：

◎九月十三日：一艘小釣船違規進入菲律賓海域作業

◎九月二十日：發函要求該漁船離開；九月二十三日該船仍在原海域作業

◎九月二十三日：漁業署以電話通知船長的家屬，要求船隻立即駛離

從發現到要求船長駛離，這中間已過了整整十天。即便基層監管人員再努力監督，冗長的簽核流程已讓監管失利。

深入漁業署，會發現兩種截然不同的氛圍。《報導者》採訪漁業署前鎮辦公室當天，替代役和承辦人員已向疑似違規的六艘船主，發出六封雙掛號信。前鎮的公務員負責監管小型鮪釣船，小釣船往東南到索羅門、向西到非洲，他們每天的工作就是盯著螢幕，從八百多艘小釣船的船位軌跡，查詢疑點。

基層人員即便發現違規船隻，常因漫長的公文旅行，等同在發函警告一項「已完成的違規行為」。

一位小琉球的陳姓船長告訴我們，現在的利潤很低了，加滿油的船開出去就要拚命抓魚，所以他出海時不會理會官方警告，即使回航收到漁業署寄來的雙掛號，他的作法是，「通通撕掉」。

漁業署祭出公權力，業者不太買單。不少船東很會虛與委蛇，交待了事，不但政府難以懲罰，更改變不了非法捕撈的傷害。

此外，基層人員辛苦簽核公文，特別是懲處的公文，也經常被擋下。

目前違反《漁業法》最高罰鍰是三十萬元，或透過行政命令連續罰鍰。但任一個處分要成案，從承辦人、組長、科長、單位主管、法規科主管，再送到主秘、副署長、署長，整個流程走完至少要蓋十個章。

一位資深員工說：「私下大夥兒都在抱怨，上頭會以各種理由要求我們重簽，但簽四次被退四次，無疾而終的例子不少」、「每一關都可能把案子擋下來，因為船主和業者會透過立委，直接向官員關說」。

遠洋漁業管理科的楊克誠從替代役退役後進入漁業署，在他身上，看到基層公務員有心執行。我們問他，是否相信上頭的長官會核准他簽上去的處分？他思索幾秒後回覆：「嗯，我相信我們署長！」

保護漁權或守望海洋

受訪的離職或現任觀察員，多數充滿熱情，他們認為如果落實監管，像是善加利用觀察員的第一手紀錄，能真實了解各洋區的魚群生態，也能提供政府政策制訂的線索。

於是我們回頭詢問漁業署副署長黃鴻燕，觀察員的資料是否準確？他斬釘截鐵指出，漁業署絕對不會叫觀察員造假。他說，觀察員是船上唯一中立的角色，資料一定比船長公正，只是不排除有時候有些人為的因素（如沒經驗或與船長掛勾），如果造假，會被撤職。至於觀察員一旦看到違法事件，黃鴻燕說，漁業署會進一步徹查漁船上的異常。

然而，根據長期參與觀察員制度的前員工陳文中說，漁業署很少進一步調查漁船上的造假，甚至會協助「修正」資料。

陳文中指出，若是漁撈量、海龜海鳥數量過多，署裡會針對明顯高於其他國家的釣獲率，請對外漁協幫忙「修正」、「整理」後，再提供一份全新的數字給國外組織。他說：「為了不讓國際組織看到台灣漁業的黑暗面，數字通常會這麼表現：捕撈的漁獲與年度配額配得剛剛好，撈上的保育類動物則會少報。」陳文中說，選擇離開漁業署是他知道太多祕密了。

有觀察員等各式監理工具，卻執行不力，漁業署是有苦難言或掩耳盜鈴？

專訪漁業署時，《報導者》最常感受到的是，官方和業界都瀰漫一股被國際不公平打壓的義憤，以及保護台灣漁權、不容國際配額被砍的愛國心。

在漁業署一路看著遠洋漁業成長的黃鴻燕說，現在一旦台灣船違規被舉發就是連坐法，所有船隻受懲罰。他拉高些聲量說：「小船大船都是台灣漁船啊……漁業署這個管理的位子很難做，因為台灣船太多了，這個位子當然辛苦啊！」

黃鴻燕認為：「（台灣）不守規矩，祖產給人沒收走了，將來就不能再作業，你要從這觀點來看……我今天在我這個位置，如果讓它（漁船）亂搞搞到最後，祖產給人家沒收了，誰要負責任？」

維護「祖產」的至高共識，以及不少漁民尚未跟上的能力和觀念，多少造就低報或錯報的文化，也成為官方與業者漠視保育的託辭。

從漁業署預算的分配情況，可以看出台灣始終以「發展」優於「永續」的心態領導漁業。二〇一六年，漁業署近五十一億元的預算中，漁船用油補貼占去一半，達二十五億，遠高過相關的監理、保育計畫的額度。

走向全球的漁業大國，還有個資源不相稱的管理預算。二〇一六年，漁業署總預算占農委會一千兩百億預算裡的百分之四點一。

資源不足的結果，漁業署經常得搭著業者便車才能見到歐盟執委，國際漁業糾紛也得由船公司的駐外單位協助。這種左手要和業者「搏感情」，右手要對業者「開罰單」，讓漁業署的角色充滿矛盾。

面對無法積極行動的沉痾，專長國際漁業談判的國立海洋大學教授黃向文說，政府的想法經常是六十分及格就好，但現在國際標準嚴苛，對一個最大的公海漁業國來說，若只能被動回應，會很辛苦。

新法真能落實？

二〇一七年一月二十日，隨著《遠洋漁業條例》上路，未來的重大違規會處以一百五十萬到四千五百萬元罰鍰，相較過去罰款額度三至三十萬元，天差地別，此外還有數百條新增的條文與嚴格規範即將實施。漁業署也因應歐盟壓力，二〇一六年開始，用五年二十三億元推動「強化國際合作打擊非法漁業」，但計畫目標仍充滿形式主義的痕跡，包括：觀察員海上觀測任務六十船次、掌握漁船卸魚聲明四千筆……等。漁業署說已積極宣導，並強調未來一定加強執法。

但台灣始終不是沒有法令，而是欠缺執法的決心。

台灣最大的民間造船廠——中信造船，旗下船隊長年在密克羅尼西亞等島國經濟海域捕魚。中信漁業部專員黃種智比較台灣與中西太平洋島國觀察員制度，他說：「他們（島國）權力很大，他們寫的東西是真的到下一個港口就能扣船的東西，你（台灣）寫了是給自己看而已，誰會去執行？違法，然後怎樣？你會重罰嗎？罰兩萬？罰十萬？這些錢船東怎麼會有感？」

「船長和觀察員各自寫航海日誌，在哪下網、有沒有抓鯊魚或非法轉運，在船上所有的事都要被登記，最後兩相比對，」黃種智說：「大家最怕觀察員。」

中西太平洋島國吉里巴斯的觀察員南陶卡納（Tamaria Nantokana）接受《報導者》採訪時說：「政府對我們的支持是讓我們做各種紀錄，特別是能得到罰鍰的那種。」

中西太平洋島國對環境意識的抬頭，讓業者得接受島國的管理要求。以擁有九艘漁船、三艘運搬船，總部設在馬紹爾的辜氏漁業公司（KOO'S Fishing Company）為例，辜氏企業總經理莊汝智說，他們每年支付三到四萬美元的觀察員費用給島國，請島國安排每航次上船的觀察員，「島國的想法是這樣，你外籍船到我的海裡，來掠奪我的資源，我一定要用觀察員監督你，而且觀察員這筆費用也讓業者支付。」

至於在台灣，由於觀察員未具備公務員資格、屬約聘僱員工，加上台灣人監督台灣漁船，薄弱的就業保障、產業裡糾葛的利益，而監管費用由政府支出的壓力，這些都難以讓觀察員如島國觀察員般，發揮實質影響。

翻開漁業署的法定預算書，每年因《漁業法》收到的罰鍰約在一千到兩千萬元台幣之間；但在太平洋島國，不論是錯誤的漁撈日誌、過期漁業證照，船長和漁船都可能被長期扣留，而捕撈一隻鯨魚開罰的金額甚至達一百萬美金。而這樣的重罰，不論島國是出於生態保育或罰金利益，都讓業者上緊發條，加強訓練漁工，避免以身試法。

永續漁撈是未來趨勢。從觀察員的眼中看到的漁業真相，殘酷赤裸，他們對官方一再坐視遠洋上頻繁發生的洗魚、違規、造假的文化，感到憤怒。

面對即將上路的新法，台灣能否擺脫過時的漁撈文化、整頓充滿造假與虛應的監理，漁業署能否擺脫與企業密不可分的共生關係，都將影響台灣遠洋漁業的存續以及在世界舞台上的公信力。

文／李雪莉

共同採訪／鄭涵文、蔣宜婷

7

與海搏生死的人

Amis船長流浪記

二十六年前，當年十五歲的蘇新華瞞著家人，偷偷搭飛機去了新加坡，上了他人生第一艘鮪釣船，開啟了至今未歇的捕魚生涯。他跑過一天得下數千鉤的鮪釣船、曾跟著魷釣船開拔到阿根廷，用水銀燈誘騙魷魚上門，隨後再隨秋刀魚船追去北海道；他也當過美式圍網船船長，鋪天蓋海地圍捕正鰹與鮪魚。台灣所有漁法，他都試過，沒有他不懂的。

一九八〇年代，阿美族青年撐起了台灣遠洋漁業的輝煌。他們多從台東來，卻在高雄前鎮做著和故鄉相對的遠洋夢。那個年代，原住民船員不被看重、難被提拔，要拚命才有機會。肯學、肯幹，成了蘇新華的討海哲學。於是一個十五歲出海的小鬼，十八歲當上大副，二十六歲就當上魷魚船的船長。台灣第一次撈捕體型比人還大的美洲大赤魷，他也參與其中。

遠洋漁業的拚量野性，把船員的海上日子壓得密實，也激出人的生存潛力。在鮪釣船上，為了相繼拉起一條條身價破萬的鮪魚，他一天睡不足兩小時；魷魚船豐收時，滿到連魚艙也放不下，淹出船艙，人員進出困難。上了資本額更高的圍網船時，他的超群眼力能看到七海浬外的流木，那代表底下藏有大量魚群，抵達流木前還可以悠哉燒水泡麵。

當上船長後，責任更重。海象詭譎多變，他遇過比船高上四層樓的巨浪，眼睜睜看著同事在數秒內被捲入深海；他也曾在天寒地凍時，跳海救起落海船員；又或在無際的海上，幫船員包紮被凍斷的手指，或剜除因蜂窩性組織炎而腐爛的肉。在滿期回港前，他們只有彼此，這是他們得習慣的日常。

從一個未成年的小鬼到獨當一面的船長，蘇新華經歷並見證了遠洋漁業長年的人才困境：作為勞力極密集的產業，台灣驚人的漁獲量一直是由前線船員血汗撐起，而這當中，缺工是恆常未變的事實。從早年大量聘僱原住民，一路到大批中國船員，甚至是現今的外籍漁工，都是在「更低價好用」的原則而來。當出海已不能掙來更好的生活，何苦遠征？而事實上，每艘遠洋漁船上，除了幹部，已數不出幾位台灣船員了。

若十五歲重來，他說會選擇不要跑船。但一生懸命於海的蘇新華，是回不去了。他已習慣一次又一次地重回海洋，且不像船員們出港時總要和港邊人依依不捨地揮手，他只要掌起舵，就從不回頭。

未成年跑船的震撼教育

我舊家住高雄草衙佛光路，離碼頭近，那時候船員很有錢，又很會花，一到陸地上錢就花光了。小時候看他們這樣花，奇怪他們怎麼這麼多錢，問一問原來都在跑船，我是這樣被吸引過去。你看我們跑船的，每天在陸地上穿漂漂亮亮，好像沒在工作，我們一到海上是做得跟牛一樣哪！

我十五歲就跑船了，但一般要十六歲才能從前鎮出港，不然要家長保證。我是偷跑的啊，坐飛機到新加坡。年齡不夠一定是搭飛機去新加坡，到法定年齡十六歲，船東在前鎮給你辦船員證，給你蓋章，下次你就可以正大光明從碼頭回來。

第一次我跑鮪釣船，一期兩年半才能回台灣，一個小伙子一百五十多公分都還沒成年！那時我同事都大我很多，我們白天做，晚上也做，睡眠不足。跟阿兵哥一樣，一個口令一個動作。電鈴一按，就是工作，幹部講收工了，就是洗澡吃飯睡覺，睡到一半，電鈴一按又起來，每天反反覆覆根本沒時間思考等一下要幹嘛。我一個小鬼不好意思講太多，遇到挫折、想家，就一個人躲在房間哭。一走出房間，四面都是海，看不到一艘船，你說那心情，沒做過不能體會這種情景。因為在外海太久了，偶爾看到一艘船，像在看稀有動物，很好奇。蹦，一艘船出來，全部人跑去船頭，只看到黑黑的影子而已，跟神經病一樣在那邊跟人家揮手，還不知道在高興什麼。

以前人家跟我說鮪釣船是三班制，哪裡有！一天二十四小時，起鉤要十八個小時。照理講，應該要睡滿六個小時，哪裡有！第一班下鉤完，第二班交接了，第三班就要被叫起來處理鮪魚。算一算我每天只睡兩個多小時，前三年都這樣。那個船再晃、浪再大，我都可以站著睡著。我回來就罵我朋友，當初講那麼好聽，三班制！要是現在你讓我一次睡四個小時，我可以撐兩天都不用睡覺了！

我是船上最小的，換班要負責叫人家起床，還曾叫到一個死人吶！嚇死我！真的發抖！那時候半年沒踩到陸地了，船上吃的東西都沒啦！那個人說他還有酒，收工一起喝。我說累得要死誰要跟你喝啦！但他後來真的有喝。我叫班的時候，窗簾打開，把人搖一搖，他還是暖的。我跟他說下鉤了，起床！說完就走了。後來我看到大副釘一個木板，把他從後面扛出來，死掉了！我嚇死，那天都不敢吃飯、睡覺。

早期船員每天被幹部打，拿到什麼就打，打到會怕，以前船上時常有喋血案。但講老實話我也是肯做，要我做什麼就做什麼，他們就帶我做些幹部的事情。每天這樣帶，三個月的時候就叫我練習開船。大副在開，叫我站在窗戶旁邊學。

我很感謝那個幹部啦，有一次他說，明天開始你做二副的工作。我怕到晚上睡不著，那時我很想跳海，不做也不行，要回家？更不行啊！船上還有菲律賓人、大陸人、巴基斯坦人、泰國人，你一個小鬼在上面開船，麥克風也在我這，作業、起貨、開船，全部我主導，當然會怕。但我後來十八歲就當上大副了。

為了更好的生活

以前原住民都是找原住民上船，像澎湖那樣，都是找自己的人，像找大副一定要是我們原住民，因為工作能力很強啊！他們都喜歡這樣！而且以前漁船行業不會教給別人，除非是自己人才會教，不然沒人幫你啦！

早期的介紹所都是海蟑螂、地痞流氓，都吃原住民的錢，吸血鬼一樣。他們聰明啊！在我爸爸那個年代，這些地痞流氓稍微有點錢，都跑去鄉下，帶著幾萬塊，請原住民喝酒，說跑船多好，然後把你弄到公司，又幫你介紹船，隨便賺都超過十萬。

到了前鎮，原住民又不是本地人，也不知道去哪買東西，介紹所裡的人都跟商店同流合汙，他一通電話過去，說要包一萬塊的日常生活用品，出港用的。結果鋼杯一個、兩個牙刷、三條牙膏，一年份喔，衣服一拉就破掉那種，怎麼穿？明明東西加起來才三千多！他一開就一兩萬，隨便他開的啊！

我也不怕你們笑，我以前就是去砸介紹所。他們都欺騙原住民啊！那時我直接進去用球棒砸，打到警察都來了。原住民很單純，肯吃苦，但來到這邊人生地不熟，明明一百的東西，到他們就變三百。然後安家費又先寄到介紹所，不是直接寄給我們家裡的人。所以我當時才砸介紹所，被這邊的地痞流氓追討，我才坐飛機到新加坡再出港的嘛！就跑船到現在。

第一次跑船，本來再一趟就滿期，可以回家啦！但我那艘船的老船長在海上抓了一年，魚艙還沒滿一半！我們吃的、牙膏牙刷都沒了，在新加坡買的泡麵也沒了，衣服破爛得可以。船沒滿，只好加油再加油。三餐都是煎魚、煮魚、魚湯！哎咿喲呀！吃了三個月！廚師都不敢一次煮太多，為了跟人家借一箱幾百塊的凍菜，開了半天的船跟別艘船借。船上都要暴動了哪！

那時我才知道，原來煙囪也可以煮吃的。我看老船員三不五時就在吃東西，他把黃鰭鮪的鰓剁一剁，拿鐵絲，還有黃鰭鮪的心，像愛心一樣尖尖的，洗一洗，也不用加鹽巴就是鹹的，插著在船上的煙囪旁烤。處理過的黃鰭鮪，鰓都是空的，裡面膠質很多很好吃。有一次我還跟船長說，每天吃這個要死了哪！

老船長是澎湖的，人很好。但抓不好，他不好意思面對我們，每天關在駕駛台不出門，看豬哥亮的錄影帶。以前很流行，船上卡帶都是一兩百卷，看完可以跟朋友對調。但船員都沒有，只能在床鋪抽煙，抽到一半都燙到自己，睡著啦！很可憐。

跑船真的很辛苦，我還遇過沉船哪！那次在印度洋，好天氣，海水跟湖一樣平靜，水是水藍色，可以看到好幾米。那次下鉤完我去睡覺，結果被別艘船撞！對方船長應該是睡著了！他撞三次，前兩次我以為是大浪，第三次才從對面房間看到船頭，嚇一跳。整個鐵板撞一個洞，我們船還有人在睡，太累了撞到這樣還不醒，看有多辛苦。

我跟船長說船要沉了，他說哎呀你麥擱亂啦！我說我沒在開玩笑！然後去叫我隔壁村的兩個朋友，說船要沉了！他厲害了，包包一拿，香菸先裝、美金先拿，衣服一兩套裝，就這樣揹。另一個朋友在機艙，也很鎮定，沒穿衣服也沒穿拖鞋，他也不緊張，拿香菸拿美金拿衣服。

船長後面才起來，一看船真的要沉了，轉頭罵他的神明，罵媽祖啊！他說，我每天給你拜，很虔誠給你拜，你不讓我抓到魚就算了，我已經有夠倒霉，你又讓我被撞！一直罵。後來船長被其他人逼著跳。他本來不打算走了，要跟著船一起下去。我跟他聊過，他本來沒有要再出來跑船，但他小孩讀大學時騎重機，車禍癱瘓，他才又出來的。船一進港，他就會坐飛機回家看小孩。

我才十七歲，很怕死啊！我跳到救生筏拚命滑，離船遠一點，至少要四百公尺以外才不會被船邊的漩渦吸進去。對方船長知道撞到了，竟然一直退後，我們拚命划拚命追，上去差點要扁他，道義上你要把人救起來你再退。船沉下去，我們一年兩個月的辛勞都在上面，還沒抓滿、還沒賺到錢。

後來我們待在巴基斯坦三個月，人家不認同台灣，又沒邦交，就卡在大使館。上岸時我剩短褲，他們還用異樣眼光看我們，可能在想奇怪怎麼有人比我們更窮。我們睡五星級飯店，但打赤腳、沒衣服穿。

三年來我第一次回台灣，是因為船被撞沉！到桃園機場，公司派人先拿現金兩萬塊給我們，因為我前面還有先做兩艘船，還有錢。但是沉下去那艘船上的其他船員，完全沒有錢可以拿。

那次回來，我想說打死都不跑船了！真不是人過的！但我回來七天而已，又出港了！因為到陸地上，那些辛苦又忘了。

有魚就抓、有錢就花

二十幾年前，船員的身價真的很高。以前出港，都可以先借資買私人用品，都是喊五十萬、六十萬，現在哪裡還有！我們雖不是大老闆，但每個人都有掀蓋式手機，我們去泡沫紅茶店，人家喝紅茶，我們喝紅酒哪！

那時沒有金錢觀念，雖然在外海無聊，很累、很辛苦，可是一到陸地上都拋到後面，不管了。真的因為我們的心態是把握當下，能玩盡量玩，那時沒想到要存錢，每天穿漂漂亮亮去船上工作，人家看到說這樣怎麼工作？誰理他！衣服髒了我們出港後當工作服，那時搞到漁港的服飾店都認識我們，還可以先拿了就走不用當場付錢。

陸地上的每種事物，對我們這些回來的人，都是新鮮的，你覺得過時了，我們都還覺得新鮮。不會把錢想得那麼貴重，我幾個朋友也是，假如去坐檯，一疊千元的！直接放！小姐，唱歌！其他人說，不要啦換一百的。他說換一百？丟臉！錢就是這樣花過頭的啦！

陸地上的朋友都說我們神經病啊！不會啊，這是我們自己賺的錢，自己花光也無所謂，我們又不偷、不去搶。有的人看我們這樣很快樂，誰知道這是表面而已，船員可能做得比牛還牛、還辛苦！沒人知道，出海就像賭博，你賭輸的話，生命回不來的，你賭贏的話，你人回來還有賺到錢。

不過我也敢講啊，全世界台灣最貪心！

不管大的小的，反正有魚可賣，台灣都拿！像外國一看魚是小的，一兩百噸不要喔，船就跑了，他們一跑，台灣的船過去馬上下網！

外國人比較細水長流，台灣人什麼都撈。但我們不這樣也不行，假如這個月別的船抓四百噸，我如果不抓小魚，搞不好這個月還沒一百噸。公司就會問，你明明也在那邊，他們抓四百，你怎麼才抓一百？搞不好還沒滿期，公司就叫你坐飛機回來，殺頭換人怎麼辦，壓力當然大啊！

我的船員還有累到跳海的！那個船員太天真，他在阿根廷時看到別艘魷魚船的水銀燈很亮，看起來很近，想到別艘船上，但那距離，船至少要跑一個小時。他去包衣服綁好，再綁救生圈，跳下去。那時一個禮拜每天睡兩小時，他們是新船員，負荷不過來。那個船員就跳海，我拿手電筒照，用擴音器問他要不要回來，水很冰哪！

後來他已經冰到抽筋，人還沒死，還有呼吸，但開始硬掉不能動。我問他為什麼想跳海，他說，你們捕的魚太多了，都沒辦法睡覺！我看他快不行了，手跟腳沒踢水了。我戴蛙鏡、綁救生圈，蹦就下去，把他綁起來，叫船員把他拉起來。那水多冰，阿根廷！緯度四十五度！我下去才五分鐘都受不了，還撐二十分鐘咧他！

我跳下去把人拉起來就先去泡澡了，然後交代幹部，把他全部脫光，棉被開始包，讓他自己慢慢驅寒，如果你直接給他喝水、沖澡，會死掉哪！等流汗，身體通紅，開始講話正常、不會卡字就好了，問他還要不要做？不要做就準備把他送回去啊！

台灣船都抓太多了，所以近幾年美式圍網有合作條例了，合作還要看你以前船優不優良。巴布亞紐幾內亞那幾個小島，以前是出港口三海浬就可以下網了，現在退到三十海浬。我們漁業太猖狂，人家三公斤以下不能抓，台灣的話，下網就是對的。

海上諜對諜

我在海上還碰到綠色和平的船，氣死！他船很大，綠色的。他們屬於好幾個國家聯合起來，保護海鳥、鯊魚，會上船例行檢查。那種如果要挑漁船的毛病，隨便挑一定中！講難聽的，海鳥誰不要吃？企鵝都吃了。現在鯊魚、海豚都不能動，就算你跟船員講不要動不要釣不要殺，他說好，拉到旁邊你怎麼知道？我又不是沒做過船員。

我們很不喜歡那種船，大大方方上來可以，最討厭那種上來後，就隨便問一個船員。誰沒吃過海鳥？其實海鳥傻傻的，都不用釣，真的！你把內臟往船邊丟，海鳥會來船邊吃，然後靠近船，我們就能鉤到翅膀。我還釣到過大的鳥，被牠追咧！本來要吃牠，牠還追我，太大了，那個翅膀伸出去這麼長！（兩手張開）

我做美式圍網船在中西太平洋捕魚的時候，船上都有觀察員，來自波納佩島、索羅門的。觀察員做久了很厲害，他們每天都在看電視，但船停了他就知道我們找到魚，都不用叫他，他就出來了。他有筆記本、航海日誌，哪裡下網、幾點幾分下。我撈起來三十噸，他也寫三十噸，跑不掉啊！他們在，我們就不敢吃海鳥啦！因為觀察員三個月一期，他隨便給你加一筆，你船進港又要在那邊多留十天哪！很怕啊！

而且觀察員通常什麼都沒帶，一到碼頭，要電視、要 DVD，買給他就對了！從他上船，他要什麼就是買！要可樂飲料，買！久的話很熟了，看到我們要捕的魚很小，他會笑一笑，然後說你要在這邊下嗎？他經緯度就寫一寫，就下去了。他不能在那邊，裝作沒看到。

島國的觀察員有的也會造假！通常遇到鯨魚，我一定要下鉤[1]。鯨魚喜歡吃小丁香，小丁香下面有小雜魚，下面有大魚。我們知道觀察員喜歡喝酒，要下鯨魚時，我就用原住民話，叫大副假裝帶他下去喝。如果來不及被觀察員看到我抓鯨，就直接給他錢啊。因為他們是窮的國家，給他一百兩百，兩次就好了，薪水就可以用多久了。到後面他都不寫航跡，進港前兩天就拿我的簿子去房間抄，但他吃我們船的薪水哪！

當領航者，帶人帶心

我跑那麼久，有體會到，為什麼以前喋血案很多？動不動還有船員打架，那都是幹部的問題。所以從我做幹部開始，我帶人就是要帶心。不管魚多還是睡得少，只要幹部會帶，他多少幫你拚，船員就是你的資本額哪！有的老一輩，動不動就打船員，打到受傷，你叫他快？怎麼可能？而且現在不一樣了，你打我？我殺你！

所以我一定給船員吃飽，我都跟廚師講，你盡量煮，不用怕吃不夠，不夠我會跟公司講，這是我的職責。不然吃不飽怎麼做得快？不快，魚就不新鮮了，不新鮮也就

1　台灣自一九八一年起，就已宣布全面禁止捕鯨。但大型漁船下網時，仍時常誤捕鯨魚。

賣不出去，也賣不到好價錢。

出海我會帶三十箱的保力達。我都用保力達五瓶、米酒兩瓶，搖一搖放在舊式水壺裡，然後用當兵用的鋼杯，一次裝一大杯給我的船員，都滿的。因為我怕他們打瞌睡，但要有一點點酒精，才不會完全都是保力達或維士比，心臟才不會跳得很快，又可以驅寒。甚至不會喝酒的也要喝，我倒他不敢不拿啊！我不會跟船員說有酒要喝自己拿，有些愛喝的喝多會誤事。

未來誰來跑船？

以前的原住民很難升上來，像我爸爸職業軍人當完，二十五歲去跑船，做了三十年，做到離世了，還只是大副而已。也不是講我們自己人的壞話，老一輩的原住民自己沒被提拔，就也不提拔自己人。

以前的船長用漁具的時候，還不讓原住民看哪，怕我們學到。以前的思想就是怕原住民搶他們飯碗。有些沒跑過船的台灣人，出港一年兩年，回來就做船長，你說咧？你兩年換我們二十幾年，划不划得來？如果要做漁撈長，就更難了！

跑船的多是阿美族，你要找一個不同族的話，十個搞不好沒一個。我們漁港幾乎都是我們 Amis。

不過現在斷層很嚴重，船員都外籍的。幹部的話，魷魚船還是台灣船長，但有的圍網船就用韓國的、大陸的船長或漁撈長，甚至大車（輪機長）也用大陸的。人家是十年前才剛剛開始開發漁業，十年後，他們又是政府的船比較多，政府出錢搶大陸人才回去，薪水比我們高！為什麼現在大陸船員都不想來台灣，因為他回去薪水至少兩倍半！

台灣船員薪水就可憐，這要罵漁業署了啦！我十幾歲開始跑，當時一萬六喔！我現在都四十幾歲了，有一次瞄到一個公文，船員最低薪資就是一萬八，快三十年才漲了兩千。現在沒有人要跑船啦。

現在物價又高，不像以前只要出得快、處理得快，就賺得多啊！現在想要多還不見得多咧。像今年阿根廷才一、兩百噸漁獲，光船上要存的凍菜、日常用品，船員的費用都不夠支付，還有油錢哪！

像以前草衙街道那邊很多服飾店，只要船員能付得起，他們都有賺，以前二、三十家在賣衣服、雨鞋、手套，船員用品、牙膏牙刷，只要一進去，就是整套裝備，不用再去別家。現在都沒有啦，剩兩家！現在船員少了，這種行業當然也沒落啦！

這些年政府還推動「三年三百萬」[2]，就是說沒有台灣船員了，要支持台灣漁業才推的。前幾年有海洋大學畢業的來，補助他一百萬，笑死了！我們船有一個，最後

2　漁業署為了銜接漁業人才斷層，推動「獎勵水產海事院校畢業生上漁船服務計畫」，每年提供六個名額，獎勵首次上船服務的水產院校畢業生，每服務滿一年就頒發一百萬元獎金，最多可連續三年。

哪裡有領到一百萬，這個大學生來了半年就送回去！

他剛來時，我在駕駛台開船，他在那邊看海豚、按我的航機！去外海會船時，他就站你旁邊看，我生氣說你在這幹嘛，沒看到船員在下面收纜繩嗎？我們後來都叫他「一百萬」。他書讀得比較多，有些點多少我有認同，像他說海圖不見得是死的，暗礁會變，有一些他講得也對，但他太白目，而且半年太累受不了，就回家了。他像我剛跑船時一樣天真，以為工作都在駕駛台，那乾脆你做船長好啦！

但的確有個「一百萬」現在上來做漁撈長。他海洋科技大學畢業，當初出來純粹為了一百萬，很勤勞、肯學，不懂就跟船員做，也會問幹部，後來被漁撈長相中，就教他，他會航海，海圖也會，後來還教他起網。他有拿到三百萬，第一年的時候公司先給他匯一百，三百萬是三年才可以拿。他現在做漁撈長。

補助那些都是紙上談兵啦！好像說政府出這個錢在大力推廣，現在還有沒有？一年才三個出來，推廣那麼多幹嘛？還不是納稅人的錢？

其實我也不希望我的下一代跑船，真的很辛苦，所以我都不讓我的下一代靠近碼頭，我搬去市區，怎麼可能世世代代都跑船？能在陸地上就在陸地上啊！

如果十五歲重來，我不會上船，當然在陸地上。我二十年都在海上，比如說做到老了，錢賺多了，可是我們欠缺親情，錢買不到的東西，那還會跑船嗎？現在是逼不得已，已經這個年齡。沒辦法啦，都快沉下去了，怎麼可能還游得上來。

像我船長做這麼久，可以管整艘船的人，但怎麼看就這四十個人。可是在陸地上很多人啊！做什麼都要面對人，會緊張、恐慌。像我前妻講的，在外海像個活魚，回到陸地上像個死魚。有時我會覺得不適合在陸地上待太久，後面還是回來跑船。你已經做這行，再叫我回來陸地上是不可能的。

文／鄭涵文

共同採訪／蔣宜婷

轉成綠豆色的南太平洋海面開始躁動，代表魚來了。一艘重達千噸的大型圍網船上，對講機那頭傳來中氣十足的一句「Let go」，船上的一號小艇「ㄆㄧㄤˋ」地一聲下水，拉著圍網，沿著啪嗒浮出水面的正鰹環繞、圍捕。母船與小艇進退之間，魚群被困在數以千計的浮球之中。接著，鋼鏈開始上絞，船員把入網的魚一落又一落拖上船、入艙。這一大網，讓船又快「滿載」了。

圍網船上滿載的正鰹、黃鰭鮪、大目鮪，多數會做成罐頭，進到世界各地的超市去。

喊出那聲「Let go」的，是指揮全船、人稱「志伯」的漁撈長葉明志。漁撈長是船上的掌權者，決定何時下網，決定這艘船是滿載，還是空手而回。

十五歲開始討海，捕魚捕了半世紀，志伯是祖師爺等級的漁撈長。民國七十五年，他拿到全台第一期大型圍網班的證書後，一直戰功彪炳。在恆春上水泉里的家中櫃上，擺滿他跑透三大洋的戰利品，從巨型螺、鸚哥魚牙齒到他親自取下的三排馬加鯊魚牙，全是不同「國籍」。

南部的老人家們總說，「不好好讀書，就去討海」。許多討海人選擇離地入海，是因為他們在階級上注定是底層中的底層，看盡人吃人的現實。打不過陸地上大部分的人，索性出海，不再與人較勁，直接跟大海討生活，對抗大自然去。

海裡的魚養活了他一家子。

一條條反著光的魚影，在遠洋漁業的世界裡就是白花花的鈔票，一根根大魚冰棒存進冷凍艙，就像錢存入金庫。家族兩代甚至出了五位大型圍網船的漁撈長。長期離家、靠不了岸的人生，為他們的存摺印滿頗豐厚的數字。

在志伯曬得烏金的額頭和皮膚上有著烈日和海風鑿下的刻痕，還有身為漁撈長扛著全船業績壓力的重責大任。因為老闆造圍網船大約七億元，千噸的船一出港一年，油錢得耗掉七、八百萬。一切都得精算。

陸地人看來，滿載而歸、大小魚通吃是貪婪、破壞生態，對討海人來說，卻是求生存的本能；陸地人把鯨豚保育當做潮流，討海人眼裡，被稱作「和尚鰭」的偽虎鯨卻能把魚啃到剩下魚頭，是來爭獵物的勁敵。

志伯看到魚總是快、狠、準下手，但船上其他的動物，際遇就幸運得多。

他在甲板上養過羊、浴室裡養過鳥，廚房裡的猴子會抓鹽、扒飯。駕駛艙裡的那條蛇甚至會吐著舌頭、嘶嘶響著迎接船長。而他肩上那隻小袋鼠腹前的口袋，正好可讓他放幾顆檳榔，吃的時候溫溫的。這些動物有的從海上撿來，有的則是買來的，但一視同仁都有沙西米吃。船艙的不同角落，是吃與被吃兩種截然不同的命運。

最好的時候，一下網能撈四百五十噸，光起網就得花上十多個小時，拉到最後，底部的魚都臭了、壞了，只能丟掉。但眼力銳利如鷹、能辨海色尋魚的志伯也有整個月找不著半條魚的時候，船只能在海天之間漂蕩。

也因此，那震天價響的「Let go」更要喊得大聲有力。因為滿載，是身在碧海藍天之中的漁撈長，踏上船的那一刻起，唯一的任務。

風浪中馳騁多年後，志伯二〇一五年退休，正式踏上恆春綠意盎然的小村生活。不必再靠攫取圍魚生存，志伯每日種田、養雞。小樹林裡的雞、鴨、鵝，健壯地奔跑。其中一隻有深淺不一的米棕色羽毛，另一隻則是灰白相間，是從新幾內亞和巴布亞紐幾內亞帶回來的，也不知是第幾代了。

大半輩子在海上，志伯說：「都感受不到地震吶！」他每次都是看到門劇烈搖晃，才發現地震來了。有時無聊，志伯會倚著田邊的小房子看著他種下的樹與異國家禽，喝著米酒，坐一個小時，那是種不完全靠岸之感。

台灣遠洋漁業的發展和變化，他用一輩子來見證。

舊時漁村記憶

小時候墾丁再過去，叫香蕉灣的地方，那邊有一個港，日本船都來這邊打鯨魚。我們讀國小時，聽到船在叭，鯨魚進來啦！我們就騎腳踏車一路到鵝鑾鼻。鯨魚有四萬斤，要用鋼絲拉，我們小孩子跑過去，看人家在殺。我小時候，早上市場也賣鯨魚肉，那時也有人賣猴子，就一個人載一筐猴子肉來賣，炒麻油吃很補，冬天都不用多穿衣服。

大家覺得鯨魚很可愛，但鯨魚很吵，呼吸出來的氣很臭。很久以前，我哥哥圍到一隻，尾巴絞到網啊，在那邊弄一個晚上，只要牠一呼吸，船員通通跑開，很臭啊，因為牠都吃丁香魚，很臭。

小時候我們這邊就在抓鯨魚、吃鯨魚，所以到自己上船後，不小心抓到鯨魚，也會自己割一點留起來，在船上負責開直升機的菲律賓飛行員（當海上有魚群時，飛行員會起飛探勘魚況）也會割。那些魚是不能賣的，只能在船上當點心吃，拿去賣，抓到會關到沒有頭髮！所以快進港的時候，我就叫他丟掉。

我十五歲就開始做南方澳的鏢魚船。十六歲就做小琉球的釣船，抓串仔（指黃鰭鮪）。十八歲就做大副，常到南太平洋島國薩摩亞。二十八歲做船長、三十七歲開始做大型圍網，做了二十多年。民國七十五年，大型圍網班第一期，就拿到證書，我們要上課，聲納、雷達、氣象，通通要訓練。

競爭的戰場

在大海裡看到魚群時，我會喊，let go（撒網），這要喊得有力量吶！拉網的小艇就「ㄆㄧㄤˋ」一聲，就下去，下去就拉，然後屁股朝我們的方向一直拉，母船就全速加速，會看那個魚繞繞繞繞，跑不掉，我們就開始起網，拉網就給航海船長去做，船員就排隊開始撈魚。我們有時候太陽快下山做，做到天亮，魚還在撈，有的都臭掉。你撈晚上，時間長啊，撈起來找好的，不好的要丟掉，到最後的通通不好，就通通丟掉。

以前，最多一網拉四百多噸剛好，船上一艙四十噸，十艙就四百噸，一次下網就半載了。那只要下兩次網，船就要沉下去了啊！我有一次下一網，已經抓五百噸上來了，再拉一網，裝不下，剩下三十噸只能丟掉，因為船都快沉下去了，要趕快開進港、卸魚。有時一百、兩百噸也得丟掉啊。

美國的船一天下三網，三次，我們都下五網，五次，他們都等那個魚很乖很迷糊才要抓，我們是看到一條在跳就下網，美國都抓輸我們。魚都這麼乖還不抓！我下網下去，算一算有三十噸的串仔，我的網一起來，美國船的快艇就過來，直升機也過來，想要干擾。

我們以前抓魚是海上轉載，運搬船就在旁邊等，我們白天下網抓，晚上就把魚卸到運搬船。美國船抓輸我們，他們就不服氣，就開始通通規定（各國）要港內卸魚，不能在外海卸。現在進港後，他又規定你幾噸的船進港，魚卸完要休息幾天，不能馬上出港。像我們公司的船，一千五百噸的，我們就要休息五天，一千噸的休息三天才能出港。

我們在關島過去，比較東邊的，荷蘭島，美國船可以抓，我們不能抓，我們都在兩百海浬外面，如果我們進去（兩百海浬內）抓，他們 coast guard（巡防）馬上出來追，我們很多船都在邊界抓，和韓國、日本在那邊搶，搶到經濟海域裡面。美國人追我們就跑，看到他們出來我們就跑，那個荷蘭島很小，跟小琉球一樣大而已。

幹部級剛進去薪水是六萬，我的是八萬。漁撈長有分紅，船員也是有，漁撈長股份最多，一次出海業績好，可以有上千萬；但如果做不好，也會被換掉。

那洄游性的生物，水溫不好，你一條都找不到，有時候一個禮拜沒有看到一條魚，水溫差不多要二十八、二十九度剛好，如果超過三十度，太熱，魚也不要住在那邊，二十六度又太冷牠也不要。水溫冷，海水會比較低，水溫高海水會比較高，海不是平平，有高有低。那個水溫我們有時候都看顏色，水比較黃，像鹹菜色，有魚，水很藍很黑，我們叫黑水（台語），黑水比較沒有魚。如果你要抓土魠魚或是鯊魚，都要找到那個綠豆色，青青那個，那個土魠最多。

有家歸不得

遠洋公司都這樣，要我們抓到沒有地方放才行，船艙如果還欠一百噸滿載，是不能進港的，一百噸魚，老闆們能賺多少啊，哪會給你進港。

但是外國觀察員（船上由區域組織派來執法的觀察員）會反對，觀察員會說，你裝不下就不要下網抓魚（避免濫捕）。所以就算還沒滿載，必須先進港卸魚。這時候，你跟他關係好就比較好說話，如果你對他不好，他就寫報告（舉發），有的還會收美金。

十多年前，我每回出去都是兩年、三年，有時出去甚至要四年，就算漁網壞掉，不少遠洋公司也不喜歡讓漁船回來，要我們在海上一直修、一直修！那船很窄，你不是像馬路很寬來修，要這樣疊在一起，慢慢找慢慢修理慢慢拉。修理好了，一下網，但漁網又破了，魚又出去了。讓漁船空船回來，油錢啊、船員的薪水啊，公司會虧本。你只要待在海裡繼續補網、繼續捕魚，公司就不會虧本，所以每天你修理網啊。

在海上，最多一個多月也沒抓到一條，整整一個多月！我們也是心情不好，想回家不幹了。但是，你出去要滿載，不能半途回來，出去要到什麼通通壞掉才能回來修理。船員簽約有的簽兩年，也有三年的，像我的兒子現在到別的公司，他們是簽兩年就回來。我最長待四年，我第二個兒子也簽四年。

討海人最討厭的魚

有種頭圓圓的，我們叫「和尚」，牠會發出聲音，牙齒很長很會吃魚，一隻重五百多斤，連人都可以吃掉。保護那種魚沒有用啦，魚都被牠吃光光。你的繩子放下、釣鉤放下去，抓到魚，牠就來了，那個魚給你吃到剩下魚頭釣在釣鉤那邊，魚肉都沒有了。

你一天這麼辛苦，拉起來通通只剩魚頭，有時候牠會跟著你的船跟一個禮拜，讓你一條魚都釣不掉。牠一大群在吃，一天五千斤也不夠牠們吃，討海人最討厭這種魚。

我們在澳洲用流刺網抓魚，也會不小心捕到海象。有人會把牠的牙齒拔起來，有抽菸的人就做成菸嘴。有時會不小心抓到抹香鯨，抹香鯨吃丁香魚，那個嘴巴，吃魚都這樣開開地，沒有在動……丁香魚到嘴巴牠就一口闔起來，吃下去，再又開開。我們網把牠圍起來還不知道，還在那邊吃吃吃，絞到鋼絲牠才知道，然後開始游，看到網沒辦法出去，就到處撞那個網，撞到網破掉才出去，但如果魚的重量沒有到八千斤、一萬斤以上，是撞不破網的。

有一次我兒子不小心圍到一隻小鯨魚，牠沒有逃出網去，還在那邊游來游去，最後母鯨魚在差不多距離船一千公尺的地方，全速衝過來，我兒子說「趕快跑！」船員全部都跑開，母鯨魚跳起來，跳上來船上，ㄆㄧㄤˋㄆㄧㄤˋ，然後又跳下去，肚子朝天，死掉了，自殺！還好沒有壓到船員，不然不知道要死幾個人。

那是保育類的，古早還沒（列為）保護的時候，我曾經抓到一條八千斤的，我和我的大車（指輪機長），我們兩個吃了一整年，每天烤魚排，比牛排還好吃。鯨魚中鰭後面的肉，五花肉，最好的肉，那鯨魚的排骨，鋸一鋸變一截一截，下去煮湯，比我們的排骨好吃。那個好料的，我都拿起來，我們切像牛排這樣，這樣下去煎，一個人一瓶米酒，一塊那個鯨魚肉。

海的地盤　誰訂規矩？

日本人現在還在南極偷打鯨魚肉，美國也還在抓，他們都一隻運搬船，兩隻作業船，都用砲啊、鐵鏈啊，打下去，那個砲口開花，打到肚子裡面鯨魚就爆開，跑不掉。現在鯊魚翅不能抓，抓鯊魚要申請的，要有執照，現在很嚴格，越來越嚴格，沒有鯊魚翅了。

拚命抓魚是要賺錢啊，以前都沒有賺錢啊，小時候跟人家做。最後船公司造這個一千噸的船，才賺錢欸，以前那個（船）裝很少啦，抓很少，常要進港卸魚，時間都浪費掉，最後都改這個一千噸、一千五百噸啦，才會賺錢。漁船一定要越造越大，妳看蘇聯那個圍網船都三千噸的吶，我們最大是一千六百多噸。

美國一直講保育，但一嚴格保育，我們就沒有錢賺。賺少不行！輸人家，人家一年抓一萬噸，你抓五千噸，可以看嗎？我們這個公司和別人公司比，我們以前是最強的，你一年人家紀錄是要抓一萬噸啊，你抓沒有，還要保育？連飯吃都沒有！你回來，老闆就叫你回去休息！你抓不好就換人，換人啊！換別的漁撈長。

現在中國船長都叫我師公，我教他們抓魚啊，跟在我旁邊。我教十多年囉，我跟他們出去兩個月，他們大陸坐飛機過來到我們船上，我就給他們教啊，就教他們會船，漁具、網，什麼都教給他們、賣給他們啦。教一教，教會我就回家。

像是看到魚要喊各就各位，大陸人就站在我旁邊啊，我就叫他開啊，小艇放下去，Let go，放下去就叫他開啊，直走直走，alright，左邊十度，alright，正走正走，右邊十度，alright，要這樣給他喊他才知道啊， slow slow，停車停車。要講大陸話，他們英語都聽不懂。

討海很辛苦的啦，你在海上都一個人，會思念啊！

文／鄭涵文、李雪莉
共同採訪／蔣宜婷

被遺忘在索馬利亞的輪機長

騎著嶄新的腳踏車，從七堵往瑞濱來到基隆港東北邊的和平島，迎著海風，沈瑞章拿起女兒送的智慧型手機與藍天、大海自拍，失去自由已四年七個月[1]了，他努力彌補與這塊土地的連結。跟著他走在和平島接近出海口的地方，海產店老闆驕傲地對外人說：「妳看，這是我們和平島的人。負責任、能堅持、耐挫力高！」

成為索馬利亞海盜綁架史上時間第二長的人質，沈瑞章很努力地適應故鄉的一切改變，他開了Facebook的帳號、學會使用即時通訊軟體，為了感謝救援他的民間組織，愛吃魚的他改吃素，有空就到高中裡跟學生們分享人生堅持的重要。

沈瑞章的快樂與苦難，都源自海洋。

他從小就在街頭學會一身本領，國中輟學，每天往海岸、礁岩裡鑽，潛水、抓魚，無師自通；他十七歲開始跑遠洋漁船，二十六歲拿到一級輪機長執照；對機械在行的他，能潛到船下修理螺旋槳，把大型螺絲帽拆下、鎖緊，船東看他身手矯健、俐落、負責，喜歡用他。

跑船四十年，沈瑞章曾遇上火燒船、沉船，他很瀟灑說自己不曾害怕；個頭不高

1　二〇一二年三月二十六日到二〇一六年十月二十二日，足足被綁架一千六百七十二天。

的他有個小名叫「哈咩」，而他笑起來的確像黃俊雄布袋戲史艷文裡的丑角「哈咩兩齒」，有種喜感。

但總是笑看人生的沈瑞章，這回卻在台資經營的權宜國籍船，親歷一場生死劫；當中，他看盡了貪婪殘酷的資本家面孔，以及人命輕如草芥的現實。如今他的笑容，多了一抹苦澀。

所謂的權宜船又稱 FOC 船（FOC，Flag of Convenience）[2]，就是掛著別國國旗方便海上航行的船，但實際上是台灣人投資經營。二〇一二年三月二十六日，索馬利亞海盜誤以為這條四百噸的 Naham3 是台灣船，劫持後才發現，看似嶄新的船其實是日本廢棄船隻再整修過的，船上的船長和其中一名輪機長是台灣人，其餘二十七人來自五個國家，船員們都以為是為台灣老闆工作，但船籍其實掛的是阿曼[3]國籍。還是一艘沒有向台灣政府申報[4]的漁船。

沈瑞章說：「這種稱不上權宜船，我甚至覺得像幽靈船，因為落後國家法規上很鬆散」、「這種船是三不管地帶，台灣法令也不會保護船上工作的人[5]」。

目前政府在《投資經營非我國籍漁船管理條例》的法規上，雖要求經營者必須申報權宜船上的漁獲資料，包括配額、轉載情況、進港與銷售資料，若有各種非法捕撈行為還會重罰。沈瑞章說，Naham3 被劫前，就非法轉運漁獲。

---

2 權宜國籍船又稱為「權宜船」，一來因台灣有汰艦制度，除非以舊船換新船，否則難以拿到船證，二來可規避台灣政府的管理，「披著他國船殼的台灣船」，曾經是不少台灣船東，權宜之下行走世界的手法，所以稱權宜船，日本、南韓也運用這種手法。台灣業者會利用入漁合作方式掛他國船籍。有些船籍國規範尚嚴，但也有像索羅門、吐瓦魯等，把掛籍當門好生

但目前政府對權宜船的管理很被動，遑論Naham3未主動申報。

諷刺的還包括船上的人質，也是在被綁架後才得知，船不是台灣籍，是屬於阿拉伯半島上阿曼的船。當時人質們問裡頭最年長，也是唯一台灣人[6]的沈瑞章：「我們是為台灣老闆工作耶，你們台灣政府怎麼都不管？」而他只能不斷安慰各國籍的漁工們。

權宜船夾在船籍國與經營國之間，不論是漁獲或漁工，都像洗錢一樣，被洗來洗去，國籍、權益、法規，一切曖昧。出事時，沒有人護住漁工。

作為船上唯一生還的台灣人，沈瑞章想把擔子扛下。因為二十七位和他一樣經歷生死劫的漁工們，有兩位死亡，其他二十五位帶著虛弱、病痛、創傷、負債回到各自家鄉，他們盼著沈瑞章幫忙向船東追討四年七個月的薪水，以及進入危險海域後的經濟及精神補償。

南北奔走協調，還要走上法院訴訟，這是比沈瑞章過去四十多年行船天涯，更漫長的道路，他起身對抗船東的推諉、政府的姑息。

深夜裡偶被降下的夢魘驚醒、聊起兩位年輕漁工病死面前，他嘴角會不由己地顫動，除此之外，沈瑞章還算開朗。我們見面那天，他拿著新辦回的一級輪機長執照說：「今晚要回家說服我兩個女兒，讓我出海。我已經快五年沒有真正在海上捕魚了[7]。」

意，規範鬆散，被歐盟列為黃牌警告的國家。目前向漁業署登記的台灣權宜船有兩百四十七艘，但業界人士推估，船數遠超過此數，是權宜船數極高的國家。

3 阿曼是位在阿拉伯半島東南沿海的國家，人口約五百萬。

4 目前《台灣人投資經營非我國籍漁船》規定，台灣人持股百分之五十以上的船隻需要向漁業

對海的記憶、對同船漁工的責任，都重重壓在他肩頭。

日子再也不會和從前一樣了！

意外登上不該上的船

我今年六十三歲。我是基隆人，十七歲開始捕魚，十七歲到五十八歲都在基隆。基隆港最興旺的時候有兩千多艘漁船，到了二〇一一年，基隆港漁船只剩二、三十艘。那年我兩個女兒還在讀護專，家裡開支還是大，不得已，只好去前鎮跑船。

我朋友跟我講，高雄那裡有一家人力仲介，那仲介介紹我給船東洪高雄，我跟洪高雄認識三天，我記得是十二月二十二日簽合約，但我幾乎是被他騙走，因為原本我的船員證辦在建昶三十三號這艘在大西洋捕魚的船上，但十二月二十三日，他卻要我上到位在印度洋的Naham3。於是我從香港轉機到東非的模里西斯，到模里西斯後，再坐一艘日本籍轉載船，晃了四天，登上Naham3。這兩艘都是洪高雄的船。

這艘船挺詭異的。我在轉載船上接近Naham3時，看到船身上的名字不是寫漢字，寫的是英文字，就知道這可能不是台灣船，只是台灣人經營，想說，完蛋了。

我跑船四十年，這種權宜船大家不喜歡上，尤其是沒有由國家或雙方漁業組織談定入漁協定，或是法規鬆散國家的權宜船，船員都覺得不要上船。Naham3就是這種，

署登記，否則會受罰。但Naham3號未跟漁業署申報。海盜事件之後，台灣政府曾跟阿曼要求股東持股名冊及比例，但阿曼不願意配合，以致於法律上難以證明此艘船由台灣人投資經營，也是目前船員最苦惱之處，政府更難以用此法處罰與管理業者。

5 過往認為船舶是國土的延伸，但近年政府為了減少管理的困擾與複雜，行政院在二〇一三年

稱不上權宜船，甚至覺得像幽靈船，因為阿曼那個國家的法規鬆散，對船東不會綁手綁腳，而經營者是台灣人，照理也要依台灣法令管理，台灣法規看似嚴格，但執行起來也是睜一隻眼閉一隻眼。這種船是三不管地帶。

我上Naham3後，船上有菲律賓、印尼、越南、柬埔寨、大陸的漁工，他們分別由新加坡的國際仲介公司和中國大陸仲介公司簽約上船；船員們告訴我，一開始他們以為要上的是台灣船，但奇怪喔，連大陸船員，有個四川的在這船上六年多，都以為這船是台灣船。

我上船後，翻了船籍資料，都是寫日文，上面寫到這船原名叫「昭德丸」，我上船時，船齡已有三十一年。但那時還不知道我搭上的船掛哪個國家的國籍。於是二〇一二年一月三日到三月十六日，我們就在東經六十六度、北緯六度的海域捕魚。

那裡的漁獲太好了，在那附近待了兩個多月，黑鮪魚已抓了一百五十噸，一噸差不多美金一萬元，一百五十噸相當於一百五十萬美金，如果再加上其他的雜魚，總漁獲有兩百萬萬美金。我跑船這麼久，漁獲沒那麼好過。

那時跟我們在印度洋的還有船東的另一艘船，建昶三十六號。Naham3捕來的魚，就非法轉載給建昶三十六號，鯊魚、雜魚都在海上轉載，轉載速度很快，好幾十噸，三個小時就轉完。也有待較久的船員跟我說，他們曾進港到模里西斯卸魚，把

九月二十五日召開相關研商會議，結論如下：「不宜以抽象之管轄權觀念將境外海域之漁船視為我國領土之延伸」。

6 另一位台灣人是船長鍾徽德，他在第一時間因反擊而被槍殺。

7 沈瑞章在今年三月底，開始到桃園觀音大潭發電廠工作。他說想念跑船的生活，但家人希望他不要再上船。

Naham3的漁獲，轉到建昶三十六號，再以冷凍櫃裝回台灣。至於我們抓的黑鮪魚，則在海上轉給日本的轉載船。

要我們冒生命危險

三月十六日，洪高雄打衛星電話指示船長，要我們船開至東經五十五度、北緯六度的地方捕魚，他說那裡漁獲多。但印度洋海盜多，大陸的船長比較沒膽量，不敢去，那邊日本、韓國船少，但洪高雄要我們不要害怕，因為附近有建昶三十六號，那艘船上有配備斯里蘭卡的三位傭兵，有兩把衝鋒槍、一把機槍，會保護Naham3，雖然我們這艘船上沒武器。我們沒選擇餘地，非去不可。

我們於是把船開到那，開始捕黑鮪魚。到了三月二十五日，洪高雄又打衛星電話指示說，海域附近有海盜出沒，要我們先離開。於是晚上我們從東經五十五度跑到東經五十七度，準備隔天快走，建昶三十六號也要和我們一起離開該海域。但沒想到，隔天早上洪高雄的兒子洪振能打給船長，說那裡（東經五十七度、北緯六度）魚多，叫我們留在那裡，他會跟他父親溝通。雖然船員們曾向船長質疑該區海盜猖獗，為何要繼續留在該海域？

三月二十六日那天，在東經五十七度，北緯六度，我們當晚接近隔日凌晨，就被海盜襲擊。

那晚有個印尼船員來跟我說「輪機長，海盜來了」，那時我正在床鋪上躺著，衝鋒槍一直掃射，像鞭炮一樣，我的應變措施是，拿刀，我想電影上海盜都拿刀，沒想到海盜都是衝鋒槍、機槍那麼先進。船上只有殺魚刀，我們完全沒有機會反抗。

有武裝的建昶三十六號，不論船長怎麼用無線電電話機向那艘船喊「海盜來了」，都喊不到三十六號過來救我們，表示建昶三十六號早就跑走了。我們船長第一時間拿小板凳抵抗，遭海盜射擊脖子，當場死亡。而我與其他二十七位船員雙手被綁，歷經三天三夜，那三天海盜連飯也不給吃，大小便不給去，晚上睡覺都有感覺，大家褲子都溼溼的。

被綁才知道什麼是「賊」船

那些海盜一直以為這艘是台灣船，後來問我，我解釋，這艘船不是台灣船，是別國的船，台灣政府不會管你的！海盜很厲害，也會去查，海盜裡負責綁船和負責談判是兩批人，談判的那群查到這艘船其實是阿曼的。我們到那時才知道船是阿曼國籍。但妳要曉得，這是很小的國家，這是很落後的國家。

我們遭劫後，海盜拿他們的手機請另一位中國籍輪機長打電話給船公司談判，談判歷經一年多，最後談判破裂，後來再打給船公司，他們就不接電話了。我們也曾打給外交部的科長，他說，這艘船不是台灣船，台灣政府只管你台灣人，外國人是不管的。海盜的要求是，如果我一個人走，他們要的贖金是二十萬美金，但如果所有船員都釋放，要一百五十萬美金。

後來外交部一直協助協調，有次海盜讓我跟台灣的康律師通電，他跟我說，最近你可以回來台灣了。真的，後來海盜拿著槍抵著我，說我可以回去時，我內心很掙扎。如果我回去，這批年輕人怎麼辦？他們的國家、他們的外交部都沒人管他們。最後我還是決定跟他們一起留下來。

每個國家的漁工都跟我說，「我們是為台灣老闆工作耶，你們台灣政府怎麼都不管？」我只好解釋，這船在別的國家掛籍，在別國交稅金，這艘船不是台灣船。但他們當初開始時，每個人都抱怨台灣政府沒在處理。

權宜船就是這樣，一旦發生事情，所有的責任一扔，這個國家也扔，那個國家也扔！

在那裡的四年七個月

我們被綁後，住過山洞，叢林，之後移到沙漠，苦日子就來了。沙漠上用樹枝和草圍著，利用短樹枝的刺和鐵絲網，把我們圍起來，就像圈豬一樣圈人，人質就二十四小時坐在裡面，不太能走動。索馬利亞在北緯十二度、南緯二度之間，跨越赤道，白天四十幾度，熱得要死，大家脾氣不好，你一言我一語，有時語言講不通，脾氣發起來就打架了。

赤道那邊早上六點天亮，晚上六點天黑，六點我們就睡覺了，不能去大小便，就用礦泉水的瓶子小便。而海盜最怕天黑，拿著槍瞄準我們，海盜只有天亮才睡，白天留三、四個人把我們看住。

我那時有八十八公斤，後來瘦到四十七公斤。白天我們吃四片像春捲皮的餅，晚上一碗飯，一天兩餐，配一杯糖水。有些柬埔寨和越南的漁工厲害，抓蠍子、蛇肉、蜈蚣、松鼠、老鼠吃，像鼠肉一開始我不敢吃，但後來也覺得好吃，不可思議。我有三年多沒刷過牙。那裡一年頂多下不到十天雨，每次一、兩個小時，最高興是下雨時能洗澡洗衣服，很珍貴。

我們在那容易生病，曾有個印尼船員生重病，我們跟海盜要消炎藥，結果他們說你們船東不給錢，不能買藥。所以我活生生看這個年輕人死在我眼前，他快死之前，兩個眼睛睜得很大，眼睛不閉，我只好用手闔住他的眼，眼睛才閉上。另一個中國船員也是死在我懷裡。

這兩位，我們在沙漠挖一個洞，把他們埋起來。那真是很痛苦很怨恨，真的，我們台灣人怎麼會這樣，台灣人真的好的也有，但壞的，更壞。

我的感受是，船東已經把我們放棄掉，船跟漁獲是老闆的財產，但人質是他們的負擔，海盜最好把這些人質殺死。

我在那曾得過霍亂，病了四十幾天，其中有一段日子病得很重，每五分鐘瀉一次肚子。有五位菲律賓漁工對我很好，我那時失禁，他們幫忙處理我的糞便，洗衣服，照顧我，那時我皮包骨，感到絕望。那次病痛無法忍受，甚至有天晚上，想要用刮頭髮的小刀片，往手腕割，一了百了。但我想到兩個女兒，還有眼前這群年輕人，萬一我死掉，他們怎麼辦，就堅持下來了。

漫長的一千多天，心裡最痛最掙扎的就是那段日子。所以我告訴自己，回到台灣，如果順利要到船員們的薪水，我絕對會去菲律賓感謝這五個船員，真的，感動。

最後台灣民間拿錢出來，還有大陸外交部與海協會協助，海盜才決定放我們走。離開那天，我們二十六個活下來的人擠在一台九人座的車裡，大家是疊上去的。半路上遇過兩批不同海盜，準備黑吃黑，海盜們開著數十台吉普車對幹，看起來我們這些人質很值錢。

老闆雙手一攤

我們一直被監禁，直到二〇一六年十月二十二日獲釋。回到台灣後這幾個月，我跟漁業署、高雄市勞工局開過很多次協調會議，協調會上，船東和他兒子從來沒說過對不起。我跟他要求這四年七個月的薪水，他居然說要我去跟海盜領。

我跟漁業署說，Naham3 非法轉載給台灣漁船，漁業署的科長很無辜地表情對我說「沒有人舉報」。我回答他「我被海盜抓，我回來了，我不就是舉報人了嗎？」我覺得，在這過程，最不負責任的是漁業署，但漁業署就是睜一隻眼閉一隻眼，發生事情也不處理，太可惡了，對於外籍漁工的事、對非法轉載的事，他們都知道很多內幕，只是不處理不辦，就是拖和推。

我為了追回船員們的薪水，還打電話問四川和河南的勞務公司，結果發現河南漁工出來時，勞務公司居然沒有跟台灣老闆簽合同，只有口頭協議。現在很麻煩，大陸九位漁工都沒有合同，有苦說不出。我也跟漁業署和勞動部吵，他們只願意協調處理我一個台灣人的薪水，但其他在這艘船的漁工，他們說那些不是台灣人。

我敢留在索馬利亞這麼久，都留在那裡了，怎麼可能我自己一個人拿，不幫其他漁工拿。

未來，我認為以後最好不要有 Naham3 這樣的權宜船，台灣老闆頭腦太好，一出事，船老闆就可以用破產方式不負責任，而在船上工作的外籍漁工，權益不被保障，若政府放任，這些聰明老闆還是可以運作下去。

文／李雪莉

8

困港的遠洋漁業

以往秋末就該回港的秋刀魚船，二〇一六這年景況不好，十一月底了，各船隻仍死守北太平洋的「海尾」，想再撐一下、多捕一些。高雄前鎮漁港裡，靠遠洋漁業撐起家計的人們等著漁船滿載而歸。

這個產業很少遭逢這麼糟的環境。過去遠洋漁業長達三十年的狂削年代，遠洋漁業為台灣賺進大量外匯，一千五百多艘漁船橫掃三大洋，前鎮漁港周邊也跟著豐盛的漁撈繁榮起來。

Google 地圖上的前鎮漁港是個「凹」字型的藍色區塊，這裡是台灣最重要的遠洋基地，不僅漁獲量第一，還能停泊噸數最大的漁船，屬於中央機關直接管轄的「第一類漁港」。卸魚、冷凍、補給、加油或修船，周邊一應俱全。隔海相望的旗津，還有數十家造船廠及漁具公司。

「凹」字型平坦的這一邊停了多艘漁船。走在漁港，穿著低調來去的人，很可能是身價上億的船老闆；家門口停著好幾台名車的是漁撈長或船長。過往公海捕撈自由、海洋保育未成氣候時，滿載是常態，於是一艘造價五億的圍網漁船出海一年所賺，能讓船老闆隔年再添一艘新船出海。陸上負責「卸魚」的出魚班，總卸魚到天黑。

「以前每天都拍賣，這裡滿滿都是魚，五點半開始，賣到八點九點還沒賣完，喊的人都燒聲！」負責記錄賣價的王先生還記得過去美好的光景。但過去兩年，進港漁獲大幅減少，出魚班收入砍半，拍賣市場冷清了。

這種蕭條的情況，連前鎮對岸的旗津，感受也深。民間最大造船廠中信造船董事長韓碧祥，從早年的造船學徒到被稱為「台灣船王」，他的辦公室裝潢，猶如豪華遊艇。景氣好時，漁船是中信造船的主力，船廠有三年內造一百艘延繩釣船的紀錄，甚至遊艇、政府巡艦，導演李安的電影《少年 Pi 的奇幻漂流》裡那艘漂流汪洋的小船，也出自中信。

但近三年是遠洋漁業的景氣低谷，漁船訂單銳減，讓船王相當苦惱。「船都不出港啦！」韓碧祥說，近年來魚況、魚價都不好，油價又高，「你看（漁港裡）船那麼多，都沒出去作業。很多家公司停航，或停在國外港口啊。不想出去，出去虧更多，乾脆綁起來虧比較少。」

不少船東告訴《報導者》，有的圍網公司已連賠了兩年，延繩釣船則有幾十艘相繼退場。遠洋漁業的嚴冬，來得又急又快。

遠洋產業的劇變對每年產值四百三十八億元台幣、養起數萬個家庭的漁業大國來說，是難以承受之重。

過去，台灣以最低成本追求最大產量的發展邏輯，向世界擴張，但這種生存方式正被全球的環保、生態、消費者意識所反噬。

「有船就捕、有魚就撈」的快樂日子，已經過去了。

資源島國的逆襲

第一個重擊遠洋漁業的，是長期以來擁有豐富漁場、被剝削的太平洋沿海島國，他們起身逆襲漁業大國。

中西太平洋是全球最多鮪魚、旗魚的洋區，是漁家必爭之區。台灣漁船若要進入洋區上其他島國的經濟海域裡捕魚，必須先與這些國家談漁業合作、並付「入漁費」進場。但近幾年入漁費成本高漲的幅度，就像一波波打在船身的大浪，讓人難以招架。

豐群水產最清楚島國崛起如何影響台灣。作為全球前三大漁業貿易公司，豐群在全球有三十個漁業據點、每年收購六十五萬噸的鮪魚，年營業額高達四百多億元，是台灣經手最多鮪魚的貿易公司。

「島國崛起」是豐群水產董事長李文宏所下的精準註解，他分析，這些年島國發現捕魚是門好生意，也被教得聰明，開始利用資源上的優勢，向撈捕者要得更多。現在漁船要進場，要先投資、提供就業、幫助當地發展，最好船還能入籍。「以前他們沒有建立產業鏈、沒有參與，只有賣祖產。現在他們要求你抓了魚，要在這邊加工、製造就業，設工廠」，若只想占他們便宜，是拿不到入漁資格的。

但對一般船東來說，這種投資非常困難。豐群二〇〇四年在巴布亞紐幾內亞耗資近九點五億台幣（當時約三千萬美元）投資精肉處理廠，並僱用當地人，用此換得十四艘圍網漁船的撈捕資格，豐群再將資格轉給業者。只不過這筆投資經營起來很不容易，加工廠管理者認為當地人工作態度隨意，常常翹班，難以管理。李文宏說，為了拿下入漁權，和島國合作得很有耐性。

島國崛起的背景除了求自身發展，也有來自區域漁業管理組織的壓力。為了減緩魚類消失，區域漁業管理組織要求島國減少撈捕。這個要求進而催生了讓全球船隊叫苦連天的漁撈新制——「漁船作業天數方案」（VDS，Vessel Day Scheme）。

這個新創制度，把漁船原本繳一次可撈到飽的入漁年費，改成以船隻作業的「漁撈日」（fishing day）計價。一開始實施時，每日收九萬元台幣，現在飆漲到最貴一日要三十六萬元。根據業界估計，一艘圍網船一年要買到兩百五十個作業天才會賺錢，一旦低於一百六十天就拉警報，等於每年要支付島國五千到九千萬元台幣。而島國顧及區域漁業組織的壓力，未來釋出的總天數只會越來越少，捕撈成本會越來越高。

對圍網船隊來說，島國是以資源保育之名行獲利之實。一名船東對這個制度有絕妙比喻：「這就像看電影，你有沒有看是你的事，反正你買票就進去，時間到就要出來。」

狂飆的「每日入場費」，連擁有十艘船的台獨大老辜寬敏都吃不消。

多數人熟悉的是政治上的辜寬敏：台獨大老、總統府資政。不熟悉的則是他的另一個身分：縱橫中西太平洋，擁有七艘千噸漁船和三艘運搬船，辜氏漁業公司（KOO'S Fishing Company）的董事長。他的船隊，也是台灣第一批掛上中西太平洋島國國籍的船隊。

九十歲的辜寬敏至今每週至少三天，仍穿著西裝到位於台北松江路的辜氏漁業總部坐鎮，他坐位旁的白牆上掛著一幅照片，是他與一群穿著藍白色如海軍制服的漁工合影，身後是辜氏在太平洋島國的第一艘船 KOO'S 101。

一九九四年，六十八歲的辜寬敏進入這個產業，他原本預定八十八歲要退休，至今無法如願，仍為了船隊的生存奔波。二〇一五年最後一季，當時高齡八十九歲的辜寬敏飛了近四十八小時，終於抵達太平洋上不到七萬人口的馬紹爾。他身著白西裝、打黑領帶，對著十幾位漁撈長和船長說：「真歹勢，阮是姑不而終愛去公海掠魚；誠遠，雖罔大家沒去過，毋過不得不按呢做！[1]」口氣既是請求也是命令。

原來，那年辜氏船隊沒買到足夠的漁撈日，作業天數一用完，就無法進入島國經濟海域裡捕撈，船只能停在港口。圍網船很少進入公海捕魚，辜寬敏親上火線，漁撈長與船長們二話不說，殺去不熟悉的公海，解決當年危機。

1　這句台語的意思是：不好意思，我們也是不得已要去公海捕魚；實在很遠，雖然大家沒去過，不過不得不這樣做。

過去辜氏漁船每年獲利可達四億，現在獲利一億多，辜寬敏手裡夾著未點的香菸，感嘆這幾年巨大的變化：「三年前漁價很好的。以前賺一百元，現在只能賺二十元，其他都被島國徵收去了。」

高額的漁撈日制度確實起了作用，歐盟的圍網船硬生生地被趕出中西太平洋。漁業署副署長黃鴻燕說：「現在VDS貴，漲到歐盟受不了，主要是法國、西班牙的船，去年底全數撤出，太貴了。」

然而，船東們一方面得想盡辦法取得撈捕資格，另一方面，還得面對來自已開發國家消費者的壓力。

因為市場端對漁撈端的永續要求和制裁的威脅，一環一環地燒過來了。

來自餐桌的壓力

過去兩年，歐美大媒體紛紛把焦點投注在被剝削的漁工。二〇一四年六月，英國《衛報》的調查報導指出，泰國蝦業的生產鏈奴役勞工；隔年，《美聯社》則以「血汗海鮮」（Seafood from Slaves）系列報導，揭露美國超市裡的海鮮來自被奴役、剝削的東南亞漁工，此報導獲二〇一六年普立茲公共新聞獎。該份調查發現，數千名漁工被囚禁在印尼小島上、被迫在非法漁船上工作，回不了家。漁船上的非法捕撈，以及人權盡失的惡劣環境，浮上檯面。

沾著漁工血、汗、淚的海鮮從船上卸下後，先流進泰國加工廠，再被運到如沃爾瑪（Walmart）、克羅格（Kroger）等美國大型零售商，最後上了消費者的餐桌。生態與人權NGO工作者透過在賣場前站崗、在零售商的標誌上抹上血紅色顏料，讓消費者感受剝削的海鮮生產鏈如何運作。

這在豐群水產董事長李文宏眼裡特別有感觸。豐群每年經手數十萬到數百萬噸漁獲，和全球各大通路、零售商有密切合作關係，他觀察到這種抗議場景越來越多，「NGO會在賣場前問，你有沒有買泰國（生產）的蝦？接著開始指控：你買的蝦，背後是奴役這些人，把人家關在籠子裡，你等於幫他們幹這種事情。」

餐桌的這一端憤怒了。美國相關人權倡議者呼籲消費者拒買血汗海鮮。二〇一六年二月，美國總統歐巴馬則簽署禁止血汗海鮮進入美國的法令。

這讓超市、品牌與通路商壓力極大。他們害怕變成消費者眼裡剝削漁工的幫兇，更怕商品被抵制。國立海洋大學教授黃向文表示，不少歐美國家的消費者已開始拒絕購買沒有生態標籤的罐頭或水產品。

「不管是面對NGO還是消費者，（零售商與品牌）要確定店裡販售的東西符合永續概念，生產供應鏈裡沒有勞動問題，甚至連碳足跡都要控制。這被認為理所當然，一關又一關地逼到供應鏈上游來。」李文宏說，大家在檢視遠洋漁業的社會責任。

而隨著品牌、通路往前端施壓，火先往前燒到了加工廠，再一環、一環地往源頭究責，原本只顧著狂撈的漁船，無法再置身事外。而這股壓力也將直接衝擊漁撈大國台灣。

因應來自餐桌的壓力，好市多（Costco）等全球大型零售業者在二〇一四年七月成立「永續蝦專案組」（Shrimp Task Force），組內包括通路商、加工廠、大型漁業公司及NGO等三十七個組織，除了追究泰國忽視人權的蝦生產鏈，也試圖建制更永續的漁撈制度。二〇一六年十月專案組改名為「永續海鮮專案組」（Seafood Task Force），鮪魚成為下一個被檢視的生產鏈。

撈鮪大國台灣無從逃避。豐群在接受《報導者》採訪的前一天，才正式加入專案組。包括李文宏在內的八位主管，十一月飛到日本東京和Costco高層、NGO進行馬拉松式的會議，主軸在談鮪魚生產鏈的捕撈，如何維繫人權與生態永續。

談判桌上的重點之一，是訂定合理的海上工作環境及安全衛生條件，避免剝削、奴役漁工情事一再發生。正式會議之前，豐群先召集前鎮的船東，開會尋求共識。只不過這樣的國際新趨勢，對於習慣惡劣捕撈環境的船東們來說，卻是難以理解。

有些船東說：「漁況好的時候，起鉤或起網作業就要十六小時，怎麼算工時？」

有些不理解仲介制度如何苛扣外籍漁工薪水的老闆會抗議：「我們給的薪資遠超過當地水平啦！」甚至有船東表示，現在國際抓得嚴，船長不太虐待漁工了。光這些爭議就引發爭辯，遑論國際專案組裡的NGO還想要求給船上多國籍漁工們組工會的權利。

但事實上，台灣漁船上原始、拚搏的海上生活，三十年如一日。根據《報導者》調查，外籍漁工被虐待、剝削、無故扣薪是常態，不良仲介亦假招募工作之名，行人口販運、強迫工作之實。海上暴力、喋血時常發生，船上生活明顯有改善必要。豐群副總經理許培霖說，這樣的工作會議一直折騰到第四次，船東們才開始理出共識。

遠洋「慘」業面對夾殺……

台灣遠洋漁業四面楚歌：島國設立撈捕限制、消費國嚴格要求永續與人權，負責任漁撈變成最低門檻，留在海上的成本疊高、獲利變薄。

對整個產業來說，還有個雪上加霜的困境。根據區域漁業管理組織（RFMOs）科學小組在二〇一五年的評估，好幾種鮪魚已處於資源量不樂觀的「過漁」（過度漁撈）狀態。連以往未被納入管理的魷魚及秋刀魚，未來都將有配額限制，全球資源管理只會趨嚴。

在過去，台灣的遠洋漁業似乎只有一種贏的方式：用最低成本、撈最多的魚。這種想像綁住了產業，導致漁撈成本一提高、魚一變少，船就困港。

但實際上，拚量的邏輯只會遭遇阻力，而升級是產業得踏上的航道。

黃向文分析，近幾年來，「產銷履歷」及「生態標籤」是趨勢，不過還未深植於台灣消費者的意識中。產銷履歷讓消費者得知魚從哪兒來、經過誰之手。而生態標籤則更進一步宣示：這是用永續漁法而得的漁獲[2]。

這在歐美國家，已是貿易市場區隔的作法。亞洲國家中，魚吃得特多的日本，也開始引進國際海洋管理理事會（MSC，Marine Stewardship Council）的生態標章，或建立國產的永續水產品的標章，在亞洲走得較前面。台灣市場較小，推展起來慢些。就黃向文所知，國內有水產經銷商有相關規劃，但還未見於市面。而沿近海漁業則有台東鬼頭刀的產業鏈，套用生態標章加產銷履歷的作法，提高外銷的價格。

也有船隊升級漁法及技術，建立市場區隔。例如有些圍網船隊會特別分離出使用永續漁法的漁獲，甚至建立新品牌；也有的船隊改進魚艙冷凍技術，讓鮪魚的冷凍狀態好到足以製成生魚片，以賣得更好價錢，以質取勝。部分延繩釣船隊則漸漸改用不會混獲到海龜的鉤具，減少海龜淹死的悲劇。

而消費者的意識，是推著產業改變的關鍵之一。當消費者不再以價格為唯一考量，給予適當的支持，台灣遠洋漁業才有機會擺脫拚量原則，往生態永續的方向發展。

2　通常各區域漁業管理組織會做資源量評估，並制定撈捕限額。因此資源量堪憂或被過度捕撈的魚種如黑鮪或部分鯊魚，就不適用生態標籤，也不鼓勵消費者食用。

前鎮漁港裡，不少困港的船，船身互倚。他們終要出航，只是面對這波翻打上來的巨浪，想要破浪而不覆沒，取決於撈捕者能多快轉彎、升級了。

文／鄭涵文

共同採訪／李雪莉、蔣宜婷

後話 因為共生，所以追求真相與改變

海上第一線工作者離我們太遠也太陌生，在撰寫、修改、查證、完稿到刊出的過程中，我們的忐忑無以名狀，曾深深擔憂報導難以引起共鳴。但意外的是，二〇一六年十二月十九日，《報導者》刊出「造假 剝削 血淚漁場——跨國直擊台灣遠洋漁業真相」後，從第一天到後來兩、三個月的時間，都感受到這份調查報導的威力[1]。

首先是屏東地檢署主任檢察官陳韻如於刊出當天，對外宣布，將重啟調查印尼漁工Supriyanto死亡案。當天不少媒體跟進追蹤此議題，漁業署和地檢署開始被迫回應。

接著，行政院長林全於二十二日行政院會中，要求漁業署嚴格執法，落實「經濟社會文化權利國際公約」相關規定。監察委員王美玉在二十三日，一年一度針對行政院巡察時，帶著《報導者》的文章，對漁工被虐、外籍漁工簽下形同「賣身契」的不平等契約，對林全與當時的農委會主委曹啟鴻表達她的憂心。曹啟鴻於詢答時說：「本案真是讓農委會難以啟齒，讓台灣丟臉。」林全則再次要求農委會健全漁工勞動檢查機制，以確保漁工權益。

遠洋漁業牽動的部會和利益結構，遠比我們想像得廣和深。

外交官朋友們悄悄告訴我們，這些文章在外交部內傳閱，因為外交部經常為出事的

1 《蘋果日報》也在十二月十九日當天，以頭版整版和二版整版，摘要刊登《報導者》專題，讓更多讀者關注此議題。

台灣漁船交涉，包括這兩年在南非開普敦出現台灣船隻洗魚，被南非政府制裁的案例。這些故事雖不被國人所知，卻早在港埠之間流傳，哪艘船非法轉運、船長對船東的命令不滿而偷偷向南非政府舉報、船隻被扣住、漁工們被遣送回母國等等，對行內的人都不是祕密。

包括法務部在內，部長邱太三也私下表示，將研究跨國的司法互助，解決外籍漁工的人權問題。立法院藍綠立委也為此議題，陸續召開相關公聽會。

衛環委員會質疑漁業署對旗下八十七家人力仲介的管理能力[2]，立委尤美女、林麗蟬、蔡培慧則在一月中旬邀請我們在「從印尼漁工檢視我國司法通譯之弊病」公聽會上報告、發言。

在公聽會上，我們從只會說中爪哇語的 Supriyanto 個案談起，當船東在用人孔急的需求下，要求台灣仲介、印尼仲介、當地牛頭，快速尋找從語言和救生技能都沒訓練過的漁工上船，任何人在工作的高壓下，溝通困難都可能起衝突，遑論是海上載浮載沉的漁工。而 Supriyanto 生前被虐的錄音，卻因通譯員聽不懂，而片斷簡譯，使得法官草率行政簽結，而這樣的個案只是冰山的一角。

台灣目前約有六十萬名外籍移工，但台灣的行政、立法、司法的各種服務，光在第一關的語言通譯人員上，就像穿不透的一堵牆。以台灣政府機關編制的印尼通譯為例，用的是印尼官方語言（Bahasa Indonesia），並非印尼國內底層人民最普遍使用的爪哇語

2 國民黨立委王育敏指出，現行對仲介的評鑑竟由漁會自辦，且極為陽春，對比勞動部有十八項評鑑指標，漁業署的評鑑指標僅四項，形同沒有規範、仲介資料也不公開。

（Javanese）。

通譯的不足，是調查報導之外衍生出的議題，也是長期被台灣官方和民間忽略的重要面向。這亦是我們希望未來能追蹤下去的議題。

分割的理解，記憶的時差

除了政府公開的回應和討論，文章刊出後，記者們陸續接到遠洋漁業的業者、仲介來電。其中不少人在訪談時曾閃躲迴避、對現狀輕描淡寫，但當他／她們讀完報導後，才致電告知並確認他們所知的過漁、剝削內情。他們不是不知情或刻意視而不見，而是產業裡沉默螺旋式的壓力如此巨大。

報導的後座力，有一部分也回饋到對媒體的憤怒。

二月份漁業署主辦的一場「海洋漁業勞動力研討會」上，來自各地漁會代表認為，媒體報導的漁工問題是個案，事實被誇大。其中一位漁會代表說：「八斗子的外籍漁工進來，我們讓他洗熱水洗到爽，還有祈禱室……漁船靠港，我們就補給可樂和泡麵給漁工。」新竹區漁會代表則說：「我們這邊沒扣漁工伙食費，漁工唯一的抱怨是沒熱水洗；有時冬天沒出船，在港邊玩兩個禮拜，還要給他三餐吃。」

也有仲介在網路上評價「媒體太愛談人權」，仲介表示已給漁工每月三百五十美元的薪水，再高，台灣遠洋漁業怎麼活下去。

我們深深感受到，遠洋漁業裡，有權者與無權者存在巨大的「記憶時差」和「認知落差」。

產官學界裡的高階人士，如陸地上的股東、船東、漁會幹部、部會首長、產業立委，較常認為剝削與造假是過去式，報導汙名了遠洋漁業，並讓他們感到羞辱且挫敗；但第一線的漁撈長、輪機長、漁民，又或海巡署與漁業署的基層公務員，卻坦誠真實情況比我們揭露的更晦暗，他們對此充滿憤怒與激憤，但當中也有人覺得這是「遠洋的日常」，一點也不殘忍。

不論是同理或抗拒，我們確知，分割式的理解，源自產業龐大及複雜，讓好的、壞的、升級的、原始的管理與運作，在潘朵拉的盒子裡並存。

漁業署長陳添壽說，他把報導隨身帶在身上，他說，遠洋漁業成為國家之恥的事，讓他看了「揪甘苦」。他向自己和漁業界喊話：「遠洋漁船壓榨萬民漁工，（隨身）帶著當做改進的力量。我不相信我不能扭轉一下，畢竟有一堆同仁，有共同目標去理想奮鬥！」

外來的壓力，經常是前進的動力。

紐西蘭在過去五年內就用集體的力量，改變遠洋漁業的環境。紐西蘭經濟海域裡，有不少在南韓漁船上工作的印尼漁工，二〇一一年他們趁著上岸紐西蘭，對外發出怒吼，讓公眾得知他們的處境；結果紐西蘭的管理學者、勞動學者持續訪談漁工，挖掘真相，讓大眾看到遠洋悲歌，也給了兩國政府莫大壓力。二〇一四年紐西蘭政府通過法案，要求外籍漁船必須符合紐西蘭的勞動、健康和安全的法規，南韓政府也為了保護漁工權益，開啟調查。

世界的共生，讓漁業變革的鼓聲，在各地響起。

《報導者》這系列的報導絕非要消滅產業，而是認知到國際人權的標準、永續的漁撈，是台灣作為遠洋大國責無旁貸的課題；這些責任不空泛不遙遠，因為我們面對的不是一群面目模糊的人，而是一個個自印尼、柬埔寨、越南上船的漁工以及他們的家庭。

今年《遠洋漁業條例》新法實施後，漁業署提高外籍漁工的基本薪資，每人每月四百五十美元起算，同時也決議每年辦理仲介評鑑。改變貌似起了頭，但就我們了解，不少業者與仲介，已摩拳擦掌，開始找出規避的手段。

試圖把分割的真相組裝以後，我們並不會天真地以為，一個調查報導能一勞永逸地解決所有問題，但掀開殘酷的剝削、層層的造假，激發公眾的關注與討論，並促成政策的辯論，已是莫大的正面反饋。

如果說，我們找到了啟動變革的發條，接下來，就是媒體、公眾、業者、政策執行者，一起上緊發條了。

文／李雪莉

跨國調查報導的想像與過程

二〇一六年九月二十三日到二十五日，尼泊爾加德滿都，《報導者》參與了由國際調查記者聯盟（GIJN, Global Investigative Journalism Network）舉辦的第二屆亞洲國際調查新聞研討會，主題是「揭開亞洲」（Uncovering Asia）。與會的三百七十位、來自五十個國家的記者中，有的已在調查報導的路上耕耘多時，有些則以成為一流調查報導記者為志業。在三天兩夜密集的演講、座談、交流中，來自亞洲與歐美的記者，彼此交換調查報導的技藝與心得，啟動跨國調查合作的可能。

那場會議裡，最令人振奮的個案分享，正是以「血汗海鮮」調查報導，拿下二〇一六年普立茲公共服務獎的《美聯社》團隊。這個報導是由《美聯社》駐印尼、緬甸、泰國與美國的記者合作完成，最年輕的記者才三十歲，她們冒著風險接觸在印尼小島上被囚禁的緬甸漁工，一站一站調查事實，確認了漁工的船籍國和船東，以國際衛星監看船隻航行與停泊的港口，追蹤這些血汗海鮮進入哪些美國連鎖超市。

這些被奴役的漁工，有的被囚長達二十年以上，年紀最小的從十四歲開始上船，經人口販賣被迫勞動者多達兩千位。《美聯社》的調查，讓美國政府立法禁止血汗海鮮進口，也改變了被奴役漁工的處境。

長達十八個月跨度歷時的採訪、嚴謹蒐證的調查、清楚具體的政策導引，如此格局與深度的調查報導，是調查記者心中永恆追求的聖杯。

遠洋漁業的議題異常棘手，越往下探，越發現它是張布局全球、複雜的利益之網，採訪和研究難以單單在台灣完成。《報導者》團隊也給自己莫大壓力。

漁工離鄉背井來到台灣，隨即上船出海數年，這條迢迢之路，為何有些人無法順利回鄉？為何有人只拿到如此賤價的薪資？為何有人選擇跳船甚至殺人？是誰為他們鋪了一條通往地獄的道路？如何深入現場，掌握關於船東和仲介業者的第一手資料？如何公平且全面地釐清這體系裡的利害關係與責任？

在日本 NHK 記者的介紹下，我們認識了印尼調查媒體《Tempo Magazine》（以下稱《Tempo》）的負責人 Wahyu Dhyatmika 與 Philipus Parera，他們也是二〇一六年全球媒體合作的「巴拿馬報告」[1]（Panama Papers）裡，參與的印尼團隊。一九九四年《Tempo》因報導跨國政商弊案，被蘇哈托政府所禁，但哈比比接任總統後，又允許復刊。目前《Tempo》是個擁有日報、網路、週刊雜誌的大型媒體，光記者就有一百三十位，是《報導者》記者人數的十倍，其中就有一組人，專門負責調查報導，其新聞品質在亞洲媒體和學術圈擁有相當高的公信力。

當時，《Tempo》正開啟與國際媒體合作調查的風潮，他們也認為世界日益複雜，而人力與視角總有極限，《Tempo》二〇一六年年中的第一個媒體合作，是與 BBC 印尼

1　「巴拿馬報告」拿下二〇一七年普立茲新聞獎的解釋性報導獎。

團隊聯手調查必勝客（Pizza Hut）的食安問題。當我與他們分享《報導者》正在追蹤上萬名「境外聘僱」的印尼漁工，極可能簽下自願為奴的契約時，《Tempo》團隊表示了強烈的興趣。

於是各自回國後，密集聯繫，雙方決定從一名印尼漁工 Supriyanto 之死出發，釐清台、印兩國遠洋漁工的勞動真相。

我們在 What's App 上成立了一個名為「The Reporter * Tempo」的七人群組，密集合作的兩個月，那成為兩個團隊每天必開的通訊軟體。群組上，兩邊成員隨時分享進度、採訪筆記，交叉並反覆查證資料、文件、數據及各方說法，勾勒漁工剝削體系的全貌。

由於境外聘僱在跨國機制運作下，盤根錯節，我們必須拉大採訪戰線。一位印尼漁工從小漁村來到台灣的複雜過程，在印尼源頭牽涉牛頭、當地仲介、人力資源部、交通部、外交部等體系，在台牽涉漁會、仲介、船東、地方政府、漁業署、勞動部等。這些環節都得盡力一網打盡。

雙方各自獨立作戰進行調查，《報導者》記者前往印尼，《Tempo》也派出記者至基隆、台北、前鎮。由於《Tempo》深入更多印尼漁村與農村，在沒有語言隔閡下採訪印尼漁工，甚至訪問到 Supriyanto 的仲介和與他同船的漁工，並進入印尼監獄，採訪偽造船員證的受刑人。

我們把彼此的採訪內容，包括關鍵人物的說法、數字、相關的政策，翻譯成英文，協助對方理解和認識另一個國度裡的情況。

兩個團隊追蹤比對後發現，台灣漁業署的統計裡，境外聘僱的印尼漁工人數約九千名，但《Tempo》從印尼外交部[2]官員及世界各重要港口資料推估，自台灣漁船起程或離開的印尼漁工人數，竟高達四萬名。其中，光是在南非開普敦或印度洋模里西斯上岸或下船者，分別有七千人和五千人[3]。

從台灣官方登計的九千名，到印尼外交部所說的四萬名，數字的落差顯現有極高的黑數，問題比想像嚴重[4]。

《報導者》在二〇一六年十二月十九日以「造假　剝削　血淚漁場」為題，發表四篇長文、一支以爪哇語配音的小型紀錄片，以及兩個數位專輯網頁。《Tempo》則在二〇一七年一月中旬，以「台灣漁船上的印尼奴隸」為題（英文版封面為「海上的奴役」（SLAVERY AT SEA）），刻畫外國遠洋漁船上（尤其是台灣漁船），沒有證件的印尼漁工，如何被虐待與剝削。《Tempo》之後也陸續使用了《報導者》的影片、照片與紀錄片。

《Tempo》的報導後來獲得印尼海洋事務與漁業部、外交部、勞動部等七個政府部門的回應。印尼政府明確允諾：確認和找出對外輸出漁工的非法仲介、防止未遵守法規的仲介將漁工輸往國外、懲處涉入販賣漁工的仲介與牛頭、建立更全面的管理制度。

透過《報導者》和《Tempo》兩個媒體的跨國調查，我們看到兩國如何開啟海上漁

2　《Tempo》拜訪印尼海洋部、外交部、交通部等部會後，追問究竟有多少印尼漁工為台灣漁船工作，這個數字並沒有正式官方統計。

3　八成的印尼漁工上了台灣遠洋漁船，其他兩成則上了中國、泰國和其他國家的漁船。

工地獄之門，那源自印尼複雜的政商貪腐，台灣政府的監理怠惰則難辭其咎。

這是兩國政府都不願意面對的真相。

面對日益複雜的國際區域互動，這次《報導者》以開放、協作方式，針對一個在地又全球的議題，發起跨國調查媒體的攜手合作，除了期待還原一名漁工之死的真相，更希望徹底檢討實施已久、每年讓上萬名漁工身陷險境、讓台灣背負漠視人權惡名的境外聘僱制度。

台灣不是孤島，我們的海洋政策、文化、商業模式正以各種好與壞的方式，牽動無數國外島嶼和數萬個家庭；我們與遙遠他者間，其實千絲萬縷，緊密交織、相互影響。

希望這一系列的調查報導，能帶讀者真正看見海上漂流者的處境；同時目睹二十一世紀現代奴隸的契約，如何被不公平地執行著；也讓讀者感受到印尼小漁村裡，等待男人們安全返家的無數孩子、妻子、母親的心情。

然後，讓有權力、得負責的人，不再能轉過頭，假裝一切不曾發生過。

文／李雪莉

4　台灣政府沒有明確掌握持有假證件上船的漁工，主因除了仲介參差不齊，勞動部和漁業署未監督和定期查核外，不少漁工登上的是掛著外國籍的台資權宜船，而台灣政府更不願意監管這些權宜船。

參考資料

書籍

《歷練：張國安自傳》，張國安，天下文化，一九九一。

《漂島：一段遠航記述》，廖鴻基，印刻，二〇〇三。

《曲銘：國際漁業合作的推手》，簡笙簧、林秋敏，國史館，二〇一〇。

《耕耘臺灣農業大世紀：漁業風華》，行政院農業委員會，二〇一二。

《韓碧祥回憶錄：從鄉下賣魚郎 變成台灣造船王》，新視界國際文化，二〇一四。

《逆風蒼鷹：辜寬敏的台獨人生》，張炎憲、曾秋美，台灣史料中心，二〇一五。

《港都人生：旗津島民》，林佩穎、李怡志，木馬文化，二〇一六。

《踏浪千行》，中華民國對外漁業合作發展協會，遠見，二〇一六。

《憂鬱的熱帶》，克勞德．李維史陀，聯經，二〇一六。

Eyes on the Sea: A Look into the Fisheries Observer Profession Through Stories and Creative Works, Keith Granger David; Glenn David Quelch; Anik Clemens, 2016.

法規命令及統計年報

〈外國人從事就業服務法〉，http://law.moj.gov.tw/LawClass/LawAll.aspx?PCode=N0090031，二〇一七年四月五日存取。

〈行政院農委會漁業署所屬漁業觀察員管理要點〉，https://www.fa.gov.tw/cht/LawsRuleOrg/content.aspx?id=37&chk=ef4abfac-958c-456b-81ee-768653c691ef&param=pn%3D1，二〇一七年四月五日存取。

〈行政院農林漁牧業普查〉，https://www.dgbas.gov.tw/np.asp?ctNode=2835，二〇一七年四月五日存取。

〈投資經營非我國籍漁船管理條例條文〉，http://law.coa.gov.tw/GLRSnewsout/EngLawContent.aspx?Type=C&id=230，二〇一七年四月五日存取。

〈遠洋漁業條例〉，http://law.moj.gov.tw/LawClass/LawContent.aspx?PCODE=M0050051，二〇一七年四月五日存取。

〈境外僱用非我國籍船員許可及管理辦法〉，https://www.fa.gov.tw/cht/LawsCentralDeepSea/content.aspx?id=23&chk=9a4df44c-02d1-4d45-a236-c915d8810e12&param=pn%3D1%26yy%3D%26mm%3D，二〇一七年四月五日存取。

〈漁船船員管理規則〉，http://law.moj.gov.tw/LawClass/LawAll.aspx?PCode=M0050006，二〇一七年四月五日存取。

〈歷年行政院法定預算〉，http://www.dgbas.gov.tw/ct.asp?xItem=26269&CtNode=5389&mp=1，二〇一七年四月五日存取。

〈歷年漁業統計年報〉，https://www.fa.gov.tw/cht/PublicationsFishYear/，二〇一七年四月五日存取。

學術論文及公務報告

"The Tragedy of Commons," Garrett Hardin, *Science* 13 Dec 1968 Vol. 162.

〈高雄地區僱用境外漁業漁工效益問題之研究〉，洪榮鄉，二〇〇四。

〈Conditions of work in the fishing sector: A comprehensive standard (a Convention supplemented by a Recommendation) on work in the fishing sector〉，國際勞工組織，二〇〇四。

〈國際漁業觀察員制度之研究——兼論我國因應對策〉，蔡孟翰，二〇〇六。

〈漁撈工作公約（第188號公約）〉，國際勞工組織，二〇〇七。

〈台灣漁業科學觀察員任務執行與船方作業之衝突管理檢討〉，張晰絢，二〇〇九。

〈飛躍二十：財團法人中華民國對外漁業合作發展協會20週年專刊〉，中華民國對外漁業合作發展協會，二〇〇九。

〈研析2009年高雄市漁業統計指標及其近十年趨勢變化——以漁船數量及漁業產量產值指標為例〉，林新榮，高雄市海洋局，二〇一〇。

〈國際勞工公約〉，行政院勞委會編，二〇一〇。

〈高雄市遠洋漁船境外僱用外籍船員管理問題之探討〉，高雄市海洋局，二〇一二。

〈台灣遠洋漁業的勞動體制：鮪延繩釣船長討海經驗分析〉，林苑榆，二〇一三。

〈漁業部門海上安全〉，聯合國糧食及農業組織漁業委員會，二〇一四。

〈2015台灣地區遠洋鰹鮪圍網漁業漁獲統計年報〉，中華民國對外漁業合作發展協會，二〇一五。

〈中華民國104台灣地區遠洋鮪延繩釣漁業漁獲統計年報〉，中華民國對外漁業合作發展協會，二〇一五。

"New Zealand's turbulent waters: the use of forced labour in the fishing industry," Christina Stringer, D.Hugh Whittaker,

Glenn Simmons, New Zealand Asia Institute, The University of Auckland, 2015.
〈2015年防制人口販運成效報告〉，行政院防制人口販運協調會報，二〇一六。
〈2016人口販運問題報告（Trafficking in Persons Report）〉，美國國務院，二〇一六。
〈台灣製造——失控的遠洋漁業〉，綠色和平組織，二〇一六。
〈強化國際合作打擊非法漁業計畫〉，行政院農委會，二〇一六。
〈歐盟為什麼要對台灣舉黃牌？到底問題在哪裡？〉，黃向文，二〇一六。
〈歐盟對台提不合作打擊IUU黃牌警示一案——我方與歐盟互動情況及相關立法工作進程〉，徐肇尉，二〇一六。
〈Indonesia: Decent work for Indonesian migrant workers〉，國際勞工組織，二〇一六。
〈海洋漁業勞動結構與福利待遇現況〉，施俊毅，海洋漁業勞動力研討會，二〇一七。
〈漁船船員權益之保障〉，藍科正，海洋漁業勞動力研討會，二〇一七。
〈漁船僱主與外籍漁工夥伴關係之建立〉，劉黃麗娟，海洋漁業勞動力研討會，二〇一七。
〈漁業工作公約與國際漁船船員管理趨勢〉，成之約，海洋漁業勞動力研討會，二〇一七。
"Taiwan 2016 Human Rights Report," United States Department of State, 2017.3.

新聞媒體

〈周俊雄：豐群水產打造重信義的海商帝國〉，汪文豪，《天下雜誌》，第四七五期，頁三五四至三五九，二〇一一
〈我討海，我年薪千萬〉，呂國禎，《商業週刊》，第一三〇二期，頁一二六至頁一五六，二〇一二
〈我們會吃光海鮮嗎？——從太平洋到西非，兩岸漁業全景調查〉，《端傳媒》，二〇一六
"Slavery At Sea," Tempo Media Group, *Tempo Magazine English*, 2017.

影片／紀錄片

《冰點》，盧昱瑞，二〇〇八。
《魚線的盡頭》，魯伯特·莫瑞 Rupert Murray，二〇〇九。
《海上情書》，郭珍弟、柯能源，二〇一六。

血淚漁場：跨國直擊台灣遠洋漁業真相

作　　者　李雪莉、林佑恩、蔣宜婷、鄭涵文
總 編 輯　周易正
責任編輯　楊琇茹
美術設計　楊啟巽
內頁美編　黃鈺茹
行銷業務　華郁芳、郭怡琳
印　　刷　崎威彩藝

定　　價　300 元
I S B N　978-986-94451-3-9
2019 年 10 月　二版三刷

報導者 THE REPORTER　財團法人報導者文化基金會
出 版 者　行人文化實驗室
發 行 人　廖美立
地　　址　10049 台北市北平東路 20 號 5 樓
電　　話　＋ 886-2-2395-8665
傳　　真　＋ 886-2-2395-8579
網　　址　http://flaneur.tw

總 經 銷　大和書報圖書股份有限公司
電　　話　（02）8990-2588

血淚漁場：跨國直擊台灣遠洋漁業真相／
李雪莉等報導 .
一初版 . 一台北市：行人，2017.4
196 面；14.8 x 21 公分
ISBN 978-986-94451-3-9（平裝）
1. 遠洋漁業 2. 報導文學 3. 臺灣

438.331　　106005499